纺织服装高等教育
高职高专服

服装商品陈列

FASHION
MERCHANDISE
DISPLAY

系列教材主编：张明杰

主　编　茅淑桢
副主编　苏维微

东华大学出版社
·上海·

图书在版编目（CIP）数据

服装商品陈列/茅淑桢主编. —上海：东华大学出版社，2016.1
ISBN 978-7-5669-0960-2

Ⅰ.①服… Ⅱ.①茅… Ⅲ.①服装—陈列设计—高等职业教育—教材 Ⅳ.①TS942.8

中国版本图书馆CIP数据核字（2015）第278726号

责任编辑　谭　英　孙晓楠
封面设计　陈良燕

服装商品陈列
FUZHUANG SHANGPIN CHENLIE

茅淑桢　主编　苏维微　副主编
东华大学出版社出版
上海市延安西路1882号
邮政编码：200051　电话：（021）62193056
新华书店上海发行所发行　上海锦良印刷厂印刷
开本：787mm×1092mm　1/16　印张：10.25　字数：277千字
2016年1月第1版　2019年8月第3次印刷
ISBN 978-7-5669-0960-2
定价：39.00元

序

随着服装企业的发展,特别是服装品牌营销向纵深推进,人才培养更显迫切。2012年6月,本着服务社会、培养行业精英的目的,雅戈尔集团股份有限公司与浙江纺织服装职业技术学院合作成立了雅戈尔商学院,期望通过联合办学,为企业及社会培养优秀品牌服装营销人才,并把"中国乃至世界上最好的纺织服装类商学院"作为雅戈尔商学院办学目标。

为了实现这一目标,结合雅戈尔企业以及其他品牌服装企业的需求,以及校企合作办学专业及课程设置情况,雅戈尔商学院形成了教材编写的整体思路。并成立了教材编写委员会,聘请富有教学经验和较高学术水平的学科带头人分别担任各科教材主编。

本套教材的编写,以"培养纺织服装贸易、管理、营销第一线的高素质技能型专门人才"为指南,以企业用人实际需要为依据,并遵循以下原则。

实践性原则

教材编写突出职业能力的培养,体现基础知识的培养和基本技能训练。教材内容重在讲述"怎么做",并提供具体教学建议,如增加见习、实习、说课、观摩等实践环节,以提高学生的实际操作能力。

时代性原则

教材内容与服装企业保持密切联系和信息交流;教材媒介,充分利用信息技术的发展,建立资源和网上学习平台,为教师教学和学生学习提供参考,形成立体化教材。

本套教材主要用作高等职业院校服装市场营销专业的教材,也作为品牌服装企业专业培训。本套教材的编写出版,得到了雅戈尔集团股份有限公司和浙江纺织服装职业技术学院的大力支持,谨在此一并致谢! 由于时间紧,教材的编写难免有不完善之处,敬请广大师生不吝指正,使本套教材日臻完善。

张明杰

前　　言

随着中国服装业的发展,本土服装品牌文化意识越来越受到关注,服装企业在经历了低水平的竞争之后,开始吸收和借鉴国际服装品牌的经营思路,更加重视商业空间的设计与展示的手段。无论是服装品牌的终端卖场,还是专业展会的展台等,服装商品陈列作为一门融合了视觉艺术、营销管理、空间设计等多方面知识的新兴边缘学科,涉及的范围越来越广。

本书共有5个项目,包括服装卖场构成与布局设计、服装商品的有效配置规划、橱窗展示的设计策划、服装商品陈列的管理与维护、服装商品的专题陈列赏析。并在这5个项目下完成服装卖场的空间规划、导入空间设计、店内通道设计、服装商品陈列的色彩有效规划、从经营者和顾客角度制定有效的配置规划、卖场VDM的陈列运用、橱窗展示设计与陈列实施、橱窗展示相应的系列道具设计、制定服装品牌的陈列策划方案、服装商品的陈列维护等10个作为服装企业陈列师所要面对的实际任务。

本书的一大特点是从服装企业一名陈列师实际面临的工作任务入手,侧重理论与实践相结合,以项目化教学为突破口,以增强学生的职业能力为中心,强化应用能力的培养。本书在每个项目的开始,都明确了各项目的知识目标和能力目标,并对项目进行分解,形成若干个子任务。针对子任务的具体描述及需要解决的问题,结合针对性的理论知识提供有效地理论支撑,并在知识准备中结合案例,以丰富学习者的经验。最后通过实战操作对每个任务的学习内容进行实际应用,以培养实际应用能力。

本书即可作为高等职业院校市场营销等经济管理类专业的教学用书,也可作为企业导购及陈列专员的培训教材和指导工具。

本书具体编写分工如下:浙江纺织服装职业技术学院茅淑桢编写项目一、二、三、五;浙江纺织服装职业技术学院苏维微编写项目四;全书由茅淑桢统稿。

本书在编写过程中借鉴和参考了大量的文献,也得到了宁波雅戈尔集团市场运营部谢定冬的大力支持与帮助,编者在此向相关人士致谢。敬请读者对本书的不当之处批评指正,以便进一步修改和完善。

作者

目 录

项目一　服装卖场构成与布局设计 ... 1
　任务一　服装卖场的空间规划 ... 1
　　一、服装卖场的空间构成 ... 1
　　二、服装卖场布局规划 ... 6
　任务二　导入空间设计 ... 11
　　一、店面招牌设计 ... 11
　　二、出入口设计 ... 13
　　三、POP广告设计 ... 14
　任务三　店内通道设计 ... 17
　　一、店内通道布局形式 ... 17
　　二、通道规划 ... 18
　　三、磁石点规划 ... 18
项目二　服装商品的有效配置规划 ... 21
　任务一　服装商品陈列的色彩有效规划 ... 21
　　一、陈列色彩的基本原理 ... 21
　　二、卖场色彩规划的要点 ... 26
　　三、陈列色彩的具体操作技巧 ... 27
　任务二　从经营者和顾客角度制定有效的配置规划 ... 33
　　一、商品配置规划意义 ... 33
　　二、商品配置考虑的因素 ... 34
　　三、商品配置规划的具体方式 ... 36
　　四、商品配置规划的运用及案例诊断 ... 37
　任务三　卖场视觉营销的陈列运用 ... 55
　　一、VMD概述 ... 55
　　二、VP橱窗制作的表现手法 ... 56
　　三、有效规划卖场内部（销售区）陈列 ... 69
　　四、IP运用中的陈列规律 ... 70
　　五、VP，IP，PP三者联系的案例展示 ... 74

项目三　橱窗展示的设计策划……80
任务一　橱窗展示设计与陈列实施……80
一、橱窗的分类和作用……80
二、橱窗设计的基本原则……83
三、橱窗设计的基本方法……84
四、橱窗展示的设计要点……86
五、橱窗陈列的构思技巧……87
任务二　橱窗展示的相应系列道具设计……94
一、服装陈列展示道具设计的原则……94
二、展示道具的属性及作用……95
三、不同展具材料的工艺表现及运用……95

项目四　服装商品陈列的管理与维护……99
任务一　制定服装品牌的陈列策划方案……99
一、陈列管理概述……100
二、陈列管理方式……102
三、制定品牌陈列策划方案……109
四、执行陈列策划方案……110
五、服饰陈列管理细则……114
任务二　服装商品的陈列维护……122
一、卖场陈列管理应遵循的原则……123
二、陈列的维护……124

项目五　服装商品的专题陈列赏析……126
专题一　女装卖场陈列……126
E品牌陈列赏析……126
专题二　男装卖场陈列……132
Y品牌陈列赏析……132
专题三　休闲运动装卖场陈列……138
A品牌陈列赏析……138
专题四　童装卖场陈列……144
S品牌陈列赏析……144

附录……148
Y品牌男装专卖专柜产品陈列出样手册……148

参考文献……156

项目一　服装卖场构成与布局设计

知识目标：了解卖场的空间组成结构
　　　　　了解店内通道的布局形式
　　　　　理解POP广告的运用方法
　　　　　理解通道规划要点
　　　　　掌握服装卖场的空间布局结构
　　　　　掌握陈列的磁石点规划
能力目标：能够结合现有店铺进行有效空间布置
　　　　　能够合理地设计磁石点
项目分解：任务一　服装卖场的空间规划
　　　　　任务二　导入空间设计
　　　　　任务三　店内通道设计

任务一　服装卖场的空间规划

任务描述

　　服装企业在拓展新的专卖店时,要很好地考虑到陈列复制问题,因为合理地规划现有的店铺空间,才有助于达到良好的销售效果。
　　首先,要确定合理的店铺空间布局。
　　其次,确定好各自的展示区域,完成服装卖场的整体空间规划,制定规划图纸。

知识准备

一、服装卖场的空间构成

　　店铺空间规划设计的目的是为给消费者提供一个良好的购物环境,使他们更好地感受时尚信息,享受现代生活,最终使经营者更好地打造商业活动的场所。

店铺空间设计的基本原则是消费者进出方便、购物方便、可自由比较和选择商品。作为服装商品交易的场所，卖场必须具有服装展示、试衣、收银等功能。在基于简单和实用原则基础上，卖场空间可根据营销管理流程，分为店外空间和店内空间两个部分。

（一）店外空间

店外空间设计包括店面招牌、路口小招牌、橱窗、遮阳棚、大门、灯光照明、墙面材料与颜色等许多方面。良好的卖场外部环境设计可以令顾客驻足留意，甚至"一见钟情"。人们可以通过店外空间看到品牌风格与定位，以及经营内部和经营理念。

由于商业的特殊性决定了店外空间更主要的目的是面向店外，展现销售信息给路过的人，因此在设计时要结合实地的空间条件，体现品牌文化理念。作为品牌文化形象的第一道窗口，店外空间传达的信息最好是简单明确且吸引人，因为店外的路人对店面关注是瞬间发生的，只有引起顾客进入卖场的兴趣，才能增加卖场的销售。

1. 店面招牌

店面招牌是卖场的标志，基本上也是品牌的标志，是品牌视觉形象识别的核心，它通常设置在店铺入口最醒目的位置，直接采用品牌标准图样和文字，通过色彩、图形、材料等多种元素突出品牌标志的特点。店名的展示主要是文字和图片两种形式，利用卖场入口地面、门楣位置等，还可以结合灯箱做成竖面的店名放置在入口处（图1-1～图1-3）。

▲ 图1-1 独特的店面招牌设计，利用倒影显示店名

▲ 图1-2 非常醒目的店面招牌，简洁醒目

▲ 图1-3 对准人流量较多的侧面招牌设计

2. 橱窗

橱窗由模特或其他陈列道具构成一组主题，以表达品牌的设计理念和卖场的销售信息。橱窗一般放置在出入口的单侧或两侧，和出入口共同形成专卖店的门面，当然它也可能单独存在于卖场侧面，形成一道独立的风景线（图1-4、图1-5）。

▲ 图1-4　折扣季的橱窗设计

3. 出入口

通常出口和入口是合二为一的，并且和橱窗相融，互相呼应。不同的品牌定位，其出入口的大小和造型也有所不同。一般越是高级的品牌，出入口会越小一些，传递只为少数尊贵客户服务的理念。入口的空间形式有平开式空间和内嵌式空间两种，平开式空间的卖场入口和橱窗位于同一条线上，没有进深的差距；内嵌式空间的卖场入口与橱窗不在同一条线上，后退的

▲ 图1-5　经典的男装橱窗，简洁大方富有层次感

开门与橱窗空间形成一个入口空间，导向性比较强。根据其卖场所在位置不同，入口设计方式也存在一定差别。

1）街边店店面入口

街边店一般都是在建筑建造成型时就完成了入口的形式，并且还受到建筑立面风格的局限，后期改造的可能性很小，所以对于这类卖场店面入口设计是要因地制宜，在充分考虑不影响建筑整体风格的情况下，把店内风格的外在延伸、LOGO和橱窗的设计合理突出，达到吸引顾客的目的。

2）店中店店面入口

店中店大多是在大型商场内部的空间设置，几乎可以不考虑外部建筑风格影响，所以这类店面入口的设计空间较大。一般商场中店中店的规划标准面积在40~60平方米之间，但是其会受到建筑楼层高度的影响，同时还要参考商场形象的要求，因此楼层层高较低的空间入口的形式不能太复杂，而且店头入口和门楣设计应统一。

4. 流水台

流水台是对卖场中的陈列桌或陈列台的通俗叫法，通常放在入口处或店堂的显眼位置。有单个的，也有用两三个高度不同的陈列台组合而成的子母式。其主要用于摆放重点推荐或能表达品牌风格的款式，用一些造型组合来诠释品牌的风格、设计理念以及卖场的销售信息。

在设有橱窗的卖场里，流水台起到和橱窗里外呼应的作用，并更多地扮演着直接传递销售信息

的作用。在一些没有设立橱窗的卖场中,流水台还要承担起橱窗的一些功能。

5. POP 广告

POP 就是 Point of Purchase 的缩写,通译为购买点的海报、店头海报等。其放在卖场入口处,通常用图片和文字结合的平面 POP 告知卖场营销信息。作为广告促销的新宠儿,POP 是店铺应用最广泛的促销工具,也是最为直接、最为有效的广告手段,现在它已经成为经营者向消费者传递商品信息的重要手段。POP 的主要可以分为以下几个种类。

1)商品周围 POP

商品周围 POP 是关于商品特点和商业信息的广告。商品信息包括新商品的介绍、改进新商品信息、处理旧商品信息等。

2)事件 POP

事件 POP 是借助特殊时间开展促销宣传活动,提升企业形象,扩大企业市场知名度,进而达到销售商品的目的。事件包括获奖、达标、庆典活动等。

3)节日 POP

零售商会随时通过节日 POP 寻找各种时机进行商品促销宣传。具有促销意义的不仅是一些假期较长的节日时机,还有民族传统文化特色的节日,以及西方传入的节日。

4)季节 POP

季节 POP 包括迎季和换季两种形式的促销宣传,而服装是最具有季节特征的商品。除了实用性之外,人们更关注服装的款式、色彩等,每当新商品上市都要有相应的宣传;同时为销售上一季节的库存商品,也会推出让利促销的活动,这也是非常吸引顾客的商业手段之一。

(二)店内空间

店内陈列空间构成主要由三部分组成,即商品空间、服务空间、顾客空间。

1. 商品空间

商品空间是指陈列展示服装商品的位置,是卖场的核心。设置商品空间的目的是为了方便顾客挑选商品、购买商品,有利于商品的销售。商品空间既有展示功能,又有储存功能,在尽可能多地利用空间、保证空间存放的前提下,设置合理的陈列区域。也就是说,商品空间的各个部分要相互具有关联性和互补性,这样才能有助于达到最佳的展示效果,并且能够引导顾客"步步深入",自然而然地对商品有一个全面、深入的了解,才能有更多的机会销售服装。

商品空间利用各种展示器架,把相应的服装用一定的方式展示出来。不同种类的服装品牌根据自己的品牌特色和服装特点,都会配备一些不同的展具。那么根据不同的分法,服装展示器架主要有风车架、圣诞树架、高架(高柜)、矮架(矮柜)、边架(边柜)、中岛架(中岛柜)、裤架(筒)、饰品架(柜)等。

服装展示器架根据其功能不同,在卖场里扮演着不同的角色。服装展示架经过陈列组合,将卖场的商品空间划分为重点陈列区、量感陈列区和复合陈列区。通过这三种陈列方式,卖场可以表现服装产品的独特风格,让顾客收到不同的消费体验。

1）重点陈列区

重点陈列区类似于开敞式橱窗，选择重点推出的本期服装搭配完整的陈列方案，通常通过人模和展示台进行实现。合理科学地利用重点陈列区，可以让消费者产生购买欲望，从而增加销售可能。重点陈列区主要摆放重点推荐产品或表达品牌风格的款式，用一些造型组合来诠释品牌风格、设计理念以及卖场销售信息。如图1-6中间部分。

▲ 图1-6　中间部分就是重点陈列区，展示重点推荐服装

2）量感陈列区

量感陈列占据了卖场的大部分，因而对卖场氛围的影响不弱于重点陈列区，也是非常重要的部分。量感陈列区往往是商品展示空间和选购空间并存，商品展示空间是选购空间的"展示窗口"，也被称为视觉冲击区。商品展示空间是协调和促进相关销售的有魅力的空间，是商品陈列计划的重点，起到展示本区域商品形象、引导销售的作用。商品展示空间陈列位置应在顾客视觉自然落到的地方，如墙面上段的中心部分、货架上部、隔板上，通常是正挂（Face Out：展现商品正面的技法）。商品展示的原则是商品就近陈列，这样才起到刺激与联系销售的目的，比如顾客看到一件米色的西服很满意，但是又想看看其他颜色的同种功能商品时，自然会在附近陈列的商品中找。所以，最好是把款式、颜色和特征商品组织调整在一起。选购空间涵盖了店内的所有货架，一般指按照色彩、尺寸、面料等分类方式分区的存储空间，也是顾客最后形成消费必要触及的空间，也被称为容量区。

3）复合陈列区

复合陈列是量感陈列和展示陈列相混合的方法。无论选择何种方式，都以壁面陈列居多。展示陈列吸引顾客的视线，诱导他们进入卖场；量感陈列达到销售的最终目的。复合陈列区是促进联动性消费的理想区域。

2. 服务空间

服务空间是用来完成服装售卖活动，使顾客享受品牌超值服务的辅助空间。主要包括试衣间、工作台、仓库、休息区等，一般都是相对较差的位置，但不能影响正常销售。

1）试衣间

试衣间是提供顾客试衣、更衣的区域,包括封闭式的试衣间和设在货架间的试衣镜。它常常设在店内转角处,将视觉不利的位置合理利用。

2）工作台

工作台是顾客收获服装、付款结账的地方,也是卖场销售人员统筹全局的销售枢纽,是提供顾客服务、纪律日常工作的地方。一般我们把工作台也称为收银台。

3）仓库

在卖场中设置仓库,可以在最快的时间之内完成卖场的补货工作。仓库的设置主要视每日卖场的补货状态以及卖场面积是否充裕而定。

4）休息区

休息区一般放置椅、台、杂志、画册以及POP等,是给顾客或其陪伴者休息的地方。休息区的设置与否,需根据品牌的定位和营业面积的大小来确定。

3. 顾客空间

顾客空间指顾客参观、选择和购买商品的地方。通道设置的合理性,货架摆放的有序性,顾客的行走路线,空间的舒适性都是促使顾客停留下来的重要条件。

二、服装卖场布局规划

卖场的商品空间、服务空间和顾客空间共同构成了整体的一个卖场空间,如果在卖场施工之际对卖场空间的陈列布局毫无计划,这不仅使卖场形象不易展现,而且易造成橱窗及卖场气氛的不统一。因此在卖场施工前必须规划顾客动向、卖场门面形象、入口规划、色彩搭配、照明、主要通道路线等要素。卖场陈列布局规划的目的是通过认真研究卖场的空间结构特点,合理布局卖场的展示器以及卖场内部墙体,从而增加进店人流量,延长顾客的时间,营造良好的卖场氛围,提升销售业绩。

首先由店员参与提出意见,再拟定卖场空间规划方案,使卖场的空间规划和布局设计充分表现展示的主题和销售的目的,从而使卖场更具冲击力。

其次要尊重顾客的意见,完成卖场空间规划设计后,应站在顾客的立场上,详加检查、修正,方可实施。假设只依内部人员的意见拟定计划,往往会倾向于卖场本身的需要,即仅重视卖场方面的便利性、机能性。为避免这种情况,在定计划时,不妨请顾客参与,表达他们的意见,接着再加以讨论。检查卖场设计计划的具体方法,可以在每天的销售过程中挑选不同年龄阶段的顾客以问答方式完成调查。

最后在卖场陈列布局中,要有全局观,要事先规划好整家卖场的布局,要考虑多方面的因素,使得整体的展示流畅地从一个区域过渡到另一个区域,使最终的卖场陈列产品的布局很清晰,并为顾客在店内购物起到很好的引导作用。

（一）店外空间布局

店外空间是吸引消费者最重要的区域之一，决定了是否将消费者吸引入店。典型的导入空间通常规划在门店临主要街道的位置，一般只设置一至二个出入口，既便于人员管理和防窃，也不会因太多的出入口而占用营业空间。出入口的设计一般在卖场门面的左侧宽度为3~6米，同时出入口处的设计要保证店外行人的视线不受到任何阻碍而能够直接看到店内。店门外观在留出了出入口处之后，如果有剩余的平面，可以设计成广告灯箱，出售或租赁给生产商做产品宣传广告，或者可以做成连锁网络品牌形象标志的宣传效果。

检验一个卖场店外空间是否优秀，一般有以下十个参照的标准：

（1）信息传递个性是否鲜明，是否给人留下深刻印象。
（2）可识别性卖场销售商品内容能否在店面中识别出来。
（3）流行性店面设计是否使用当下流行信息。
（4）卖场的形象是否吸引人。
（5）诱导性设计是否具有诱导效应。
（6）宣传型卖场打烊后是否还吸引人。
（7）经济效益是否考虑资金投入。
（8）外观形象标志牌是否过多以至于破坏整体形象。
（9）是否注意到店面造型与周围卖场及建筑风格的关系，综合考虑其比例、尺度、识别性和导向性。
（10）是否根据不同材质特征，正确运用材料的自然色和质感，创造了自然生动的情趣。

（二）店内空间布局

陈列的目的是为了促销，为商家实现营销目标进行最直接有效的宣传。因此，在店内空间规划中，必须以人体工程学为理论依据，以人性化设计为着眼点，从人体尺度、人体生理、人体心理等多个方面来考虑服装卖场陈列的要素和应要注意的细节。

1. 器架布局

1）立面空间陈列

立面空间陈列即垂直方向的陈列，服装垂直方向的陈列最容易被视觉感知。对于消费者而言，最容易看到和摸到的服装高度称为陈列的黄金空间，这个黄金位置一般距地面85~125厘米的高度。这个位置也刚好是视平线范围内，消费者往往习惯在视平线范围内寻找感兴趣的产品，所以把重点服装陈列在这里应该是最有效的。75~85厘米、125~140厘米的高度范围也是比较容易看到和摸到的，可以作为有效的陈列空间。60~70厘米是稍微弯腰或稍微低头就可以取到或看到服装位置，140~180厘米也是稍微伸手或稍微低头就可以取到或看到服装的位置，被称为准有效空间。60厘米以下一定要低头才能看到服装，因此主要作为存储空间或容量空间利用，用来放叠装产品比较合适。180厘米以上也是难以摸到的位置，但却是从远处容易识别的位置，是陈列展品的有效空间，可以称为展示空间。

在立面空间陈列中,除了结合人体工程学原理来陈列相应的产品外,还要注意在视觉上能够让产品上下板墙陈列有一个过渡和衔接(图1-7)。

2)平面空间陈列

促成消费者购物的一个重要因素是,如何引导他们进入卖场,让他们找到想要的货品并且购买。卖场靠入口的区域多摆放体积小、高度低、容量少的器架;卖场中间的区域摆放体积相对较大、高度较多的器架;卖场最深入的区域摆放板墙和体积最大、高度最高、容量最多的中岛器架。

商品陈列要让消费者显而易见,这是达成交易的首要条件。让消费者看清楚商品并引起注意,才能激起其购买心理。从服装产品与消费者关系的研究来讲,陈列设计需要特别的空间设计来达成"最大信息传送"和"最小视觉障碍"的对比需要。另外当顾客进入卖场或在卖场门口时,人的视线多少是出于平视的,也就是顾客在走动中很少高抬着头或低着头进入卖场。因此在陈列中,除了密度、高度的科学规划以外,还要特别注意"视平线"范围内的陈列,让消费者看到或更能让其产生注意力(图1-8)。

2. 商品布局

当货架都已经安排妥当,剩下的就是在货架里面做"填空",把相应的服装商品"填空"到货架空间里面去。一般可通过以下7种方法实现。

1)等级规划分区

卖场销售区分为A、B、C区。A区为黄金区,是顾客关注度最高的区域,通常是位于卖场入口的陈列桌及卖场两侧的第一组货架,是顾客最先看到或走到的区域。A区是对品牌的最初介绍,也告知消费者店内将会提供哪些产品,因此必须

▲ 图1-7 立面的空间布局,结合POP广告

▲ 图1-8 高档大气的平面空间陈列布局

确保在该区域内呈现强而有力的产品陈列来激励顾客进入店内。B 区通常位于卖场中部的中岛、门架等陈列组合,是畅销的量贩区域,适合陈列 A 区撤下的货品、次新款、基本款。C 区是卖场中较偏,位于卖场后部,顾客最后到达或通常忽略的区域,适合陈列易于识别的款式、色彩鲜艳的货品或者是不受季节及促销影响的款式。

2)品类分区

很多卖场都会按照品类划分不同区域,分别陈列男子产品、女子产品和儿童产品。有组织地把货品进行归类,可以让顾客明确地去寻找所需的产品,同时在整个卖场内创造出产品的流动感。

3)系列产品分区

将同系列的产品陈列在一起,阐述产品故事,方便顾客选购。系列产品区域的划分要注意体现分类的逻辑性,不同系列之间的过渡要非常流畅自然。

4)服饰色彩分区

将相同或相近色系的产品陈列在一起,讲述产品色彩故事。

5)服饰尺码分区

这种方式一般适用于断码促销店或者品牌折扣店。

6)服饰价格分区

这种方式一般多用于特价促销店。

7)商品的标准陈列量和最低陈列量分区

所谓商品的标准陈列量是指商品的陈列量达到最显眼并具有表现力的数量;而所谓最低陈列量是指商品没有表现力的数量。在商品管理上,当商品陈列量达到最低陈列量时,就可以认为该商品"卖空了"。在确定需要达到标准陈列量的商品时,其原则是该商品一般是能吸引顾客,达到高销售和较高利润的商品。也就是说不是每一种商品都必须达到标准陈列量。

3. 服务空间布局

服务空间主要包括试衣室、收银台和仓库,有的卖场还设置了顾客休息和等候的地方。服务空间通常设置在视觉效果相对比较差的出入口附近或者角落,高效利用空间的同时利于人员对出入货品有效监控。

1)试衣室

试衣室是供顾客试衣、更衣的区域。试衣室包括封闭式的试衣室和设在货架间的试衣镜。从顾客在整个卖场的购买行为来看,试衣室是顾客决定是否购买服装的最后一个环节。通常情况,试衣时间的长短与购买的概率正相关,即在试衣区停留的时间越长,购买的可能性越大。

试衣室通常放在卖场的深处,其原因主要是可以充分利用卖场空间,不会造成卖场通道堵塞,同时可以保证货品安全。另外可以有导向性地使顾客穿过整个卖场,当顾客在去试衣室的路中,经过一些货柜,增加顾客二次消费的可能。

试衣室的位置要方便顾客寻找,在试衣室附近可以多安装几面穿衣镜,便于顾客试衣。试衣室的数量要根据卖场规模和品牌的定位具体而定,数量要适宜。如果数量太多,不仅浪费卖场的有效空间,还会给人生意萧条的感觉。数量太少,会造成顾客排队等候,使卖场拥挤。因此通常价位低、客流量较大的品牌店,试衣室的数量可以对多些;价位高、人流量少的品牌店,试衣室的数量可以少些。

试衣室在空间尺寸的设计上要让顾客在换衣时四肢可以舒适地伸展活动,通常其平面的长度和宽度应不少于100厘米。试衣镜作为试衣区的重要配套物,应该引起重视,因为顾客是否购买一件服装,通常是在镜子前作出决定的。镜子要安放在合适的位置,虽然放在试衣室里可以使顾客安心试衣,但其缺点是可能占用时间较长,也不利于导购员的导购活动。所以大众化的品牌服装店,一般都将镜子安放在试衣室门外的墙上或其他地方。

试衣室和试衣镜前要留有足够的空间,分布要合理,要使顾客平均分散开来,因为这里经常会有顾客的朋友和导购员的逗留,应防止试衣的顾客挤在一起。

2)收银台

收银台是顾客付款结算的地方。从卖场的营销流程上看,它是顾客在卖场中购物活动的终点。但从品牌的服务角度看,它又是培养顾客忠诚度的起点。收银台既是收款处也是一个卖场的指挥中心,通常也是店长和主管在卖场中的工作位置。

收银台通常设立在卖场的后部,主要是考虑顾客的购物动线、货款安全、空间的合理利用以及便于对整个卖场的销售服务进行调度和控制。卖场收银台的设置主要满足顾客在购物高峰时能够迅速付款结算。根据不同的品牌定位,收银台前还要留以充足的空间,以满足节假日顾客多的情况。一些中、低档的服装品牌,还要考虑顾客在收银时的等待状态。同时为了提高销售额,收银台附近可放置一些辅助的服饰品,以增加连带消费。

3)仓库

由于服装门店经营的商品种类和数量较多,因此,在卖场中附设仓库,可以在最短的时间内完成卖场的补货工作。仓库的设定以及面积的大小,主要视服装门店的面积和销售情况而定。

实训操作

【实训名称】为某品牌卖场制定空间规划图

【实训目标】根据陈列管理相关知识内容的学习,能够结合企业实际情况,帮助企业制定切实可行的空间规划图。

【实训组织】以6~8名同学为一个操作小组,确定小组成员不同分工内容,完成该项工作任务。

【实训考核】小组代表上台演示汇报,其他各小组分组打分。同时结合教师打分,选出班级优秀作业推选企业,由企业专家指导点评。

任务二　导入空间设计

任务描述

店铺入口的设计是店铺的亮点,导入区位于门店的最前端,是门店中最先接触顾客的部分,能在第一时间告知顾客卖场产品的品牌特色、透露服装门店的营销信息,以达到吸引顾客进入卖场的目的。一个好的导入区直接影响到顾客的进店率以及门店的营业额。

首先,要了解服装品牌定位,合理设计店头。

其次,能有效运用 POP 广告引导顾客入店。

最后,完成导入空间的整体设计。

知识准备

一、店面招牌设计

店面招牌通常设置在门店入口最醒目的位置,通常由品牌标志或图案组成,用以吸引顾客。在设计店面招牌之前,必须明确店铺的类型,以及店铺想要对顾客表达些什么,然后围绕店铺的定位设计店面招牌,一般要考虑两个因素:商品的价格水平和整个企业的 CIS(Corporate Identity System,企业形象识别系统)。在符合商品价格水平的条件下,将店面招牌设计得干净、明亮、实用,同时,与整个企业的形象识别系统相符合。

招牌是服装门店的脸面,在命名服装店铺的招牌时,要做到言简意赅、清新脱俗、富有吸引力。具体而言,可根据下列依据设计招牌名称:

(1)以商品属性命名。这种命名方式反映商店经营商品范围及优良品质,树立店铺声誉,使顾客易于识别,并产生购买欲望,达到招徕的目的。

(2)以服务精神命名。这种命名方式反映店铺文明经商的精神风貌,使消费者产生信任感。

(3)以经营地点命名。这种命名方式反映店铺经营所在的位置,易突出地方特色,使消费者易于识别。

(4)以著名人物或创办人命名。这种以众所周知的人物来命名,使顾客闻其名而知其特色,便于联想和记忆,能反映经营者的历史,使消费者产生浓厚的兴趣和敬重的心理。

(5)以美好愿望命名。这种命名方式能反映经营者为消费者达到某种美好愿望而尽心服务,同时,包含对消费者的美好祝愿,能引起消费者有益的联想,并对商店产生亲切感。

（6）以外语译音命名。这种命名方式大多被外商用在国内的合资店或代理店上,便于消费者记忆与识别。

（7）以新奇幽默的名称命名。这种命名方式容易使消费者记忆深刻。

较有创意的店头设计,如图1-9~图1-16所示。

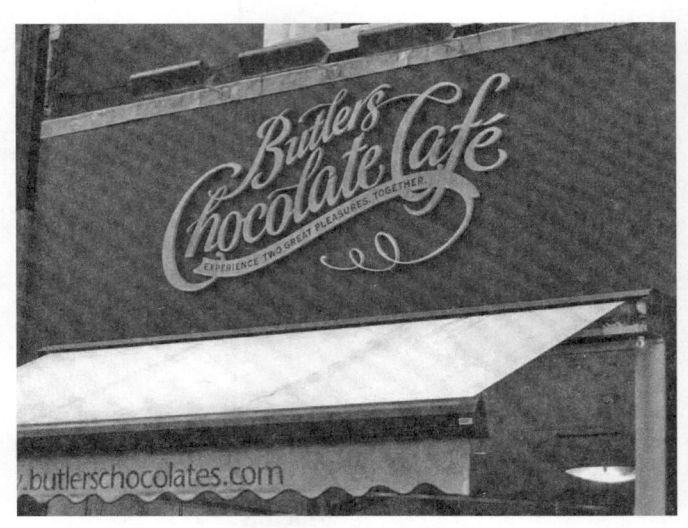

▲ 图1-9　简洁和谐的招牌

▲ 图1-10　特别的墙挂式招牌

▲ 图1-11　立体的图案招牌

▲ 图1-12　与灯光完美结合的招牌

▲ 图1-13 古朴简洁的招牌设计  　　　　　　　▲ 图1-14 字母立体效果的招牌

▲ 图1-15 墙挂式简洁的设计招牌  　　　　　　▲ 图1-16 立体效果招牌

二、出入口设计

　　小型服装门店的出入口通常合二为一,不分开设置,也可以根据门店的大小设置分开的出入口,出入口通常由橱窗和门的不同结构组成。

　　出入口与橱窗的构成主要有三种形式,见表1-1。

表1-1 三种出入口类型的对比分析

	特 点	优 点	缺 点
直线型	门与橱窗在同一个水平线上，与卖场外过道连接	①经济效率高 ②占用内部销售空间少	①缺乏吸引力，外形过于单调 ②限制顾客观察内部陈列的视角 ③不利于顾客滞留
内凹型	门与橱窗不在一个水平线上，形成一个内凹的缺口	①对顾客具有强烈的吸引力 ②有利于引导顾客进入门店内部 ③能够给消费者提供更广的视角一览卖场内部的情况 ④有利于顾客在橱窗外滞留	占用较多的内部空间
走廊型	门与橱窗在同一个水平线上，但都不与卖场的外过道连接	①更加有利于引导顾客进入门店内部 ②能够为顾客提供观察门店的独立区域 ③对顾客的艺术吸引力很强	①减少了内部的销售空间 ②门面的建筑难度高，投资较大 ③对橱窗的设计提出了更高的要求

由于出入口的开放程度和透明程度给人的感觉不同，根据服装品牌定位不同，服装店铺的出入口设计也存在很大的不同。通常中、低价位品牌大多采用敞开式且开度较大、平易近人的入口设计。主要原因是卖场客流量相对较大，并且这些品牌的顾客群在卖场中做出购物决定的时间相对比较短，对环境要求相对较低。中、高档品牌大多采用入口敞开度较小、具有尊贵感觉的入口设计。主要由于每日的客流量相对比较少，其顾客群作出购物决定的时间相对较长，并且需要一个相对安静的环境。

另外要根据门面大小来考虑入口设计。通常门面较窄的店铺适合用敞开式和半敞开式的橱窗形式，入口宽度适中、明亮通透，顾客能看清店内重点陈列的商品以及其他商品，使顾客产生进店选购的欲望。

无论入口的大小，必须是宽敞、容易进入的，同时要在门口的导入部分留以合理的空间。设立在商场内部专柜的入口设计，主通道的入口最好直通顾客流动的方向，如电梯的出口，并陈列具有魅力和卖点的商品，以吸引更多顾客。

三、POP广告设计

POP广告是一个相当广泛的营销传播形式。凡是购买场所出现的，有助于厂商和消费者进行沟通的广告物和广告行为都可以纳入POP广告的范畴。

1. POP的作用

POP作为销售活动的辅助手段，在消费者想要选择购买商品的时候，引发其好奇心，使其选择该商品，同时通过减价、打折等方式营造一种火爆销售气氛。

（1）POP广告直接展示于终端，直接作用于消费者，所以有人将POP广告称为"最后接触的媒体"。它是唯一集广告、产品、消费者于一体的媒介。它帮助品牌占据终端的话语权,掌握销售现场的主动权,并将顾客潜在的购买意识变为直接的购买行为,这是其他形式的广告所不具备的特殊功能。据凯玛特和宝洁联合组织的一项调查表明,POP广告能将咖啡、纸巾和牙膏的销量分别提高567%、773%和119%。

(2)POP广告凭借其在终端上的使用优势,无形延伸了电视、报纸、广播等线上广告的周期,起到以点到线,带动整个终端,表现出立体化的传播效果。

(3)POP广告在购物状态下直接作用于受众,重复的视听轰炸加强了受众的印象,温馨的购物环境加深了受众的情感反应,这无疑加强了受众对品牌的忠诚度,提高了品牌的重复率和回忆率。相对于单一的视听广告而言,无疑具有极大的优势。

(4)POP广告可因时、因地制宜,采取不同的广告主题,传播不同的内容,达到"量身定制"的差异化传播效果。同时相对于资金投入大的电视广告而言,POP广告能以较少的投入,达到较好的效果,性价比高。

2. 服装POP广告

服装POP广告是POP广告的类属领域。即在服装类商业空间、购买场所、零售商店的周围和内部,为宣传服装、吸引消费者、增强消费者了解度从而引发消费者的购买欲望和购买行为的一切广告活动都统称为服装POP广告。

广义的服装POP广告包含的广告形式众多,对于服装POP广告的分类方法也比较多,比如按照使用场所分、按照功能结构分、按照陈列方式分等等。一般可将服装POP广告依照陈列位置和陈列方式可分为以下四种形式:

1)挂式服装POP广告

挂式服装POP广告一般出现在卖场门口、通道、卖场内设的展台、卖场内货架周围以及卖场内墙壁等处。此种广告形式可分为吊挂式和壁挂式两种,有平面和立体两种展示形式。表1-2反映的是吊挂式服装POP广告的各种形式及每种形式的特点。

表1-2　挂式服装POP类型对比

产品	吊挂式服装POP广告		壁挂式服装TOP广告	
	吊旗式	吊挂式	平面式海报	其他形式
定义	商场内悬挂的旗帜式广告	立体式吊挂式广告	电脑制作海报和手绘海报	根据卖场的特点和目标顾客的需要而设计
特点	以平面的单体在空间中做有规律的重复,从而加深受众对商品的印象,加强广告信息的传递	以立体形象传递广告信息,加强广告的传播效果	广告提示性强、视觉冲击度高、受众认知度高、广告的传播效果大	展现服装品牌的创意风格,增加服装卖场的吸引力

2）橱窗式服装 POP 广告

橱窗式 POP 广告是服装 POP 广告的又一重要形式，它是服装卖场的门面，是消费者的视觉焦点，也是各家服装品牌展现创新性、差异性的最好展示场所，更是卖场吸引受众驻足或吸引消费者产生购买行为的有效广告形式之一。表1-3反映的是橱窗式服装POP广告的分类及特点。

表1-3 橱窗式服装POP广告的分类与特点

	封闭式橱窗POP广告	敞开式橱窗POP广告	半敞开式橱窗POP广告
适用区域	较大型的服装卖场	大小型服装卖场都适用，尤其适合小型服装卖场	大小服装卖场的入口和出口处
特点	A.与卖场空间隔离，形成相对独立的橱窗空间 B.便于橱窗整体氛围的营造，讲究照明、陈列等方式的配合与创意	A.属于店内空间的一部分 B.延伸店内空间，顾客可以通过橱窗广告，也可以透过橱窗看到店内服装展示	选择卖场入口或入口处空间的一般作为橱窗空间，用半透明的材料将橱窗与店内主体空间相区隔开

3）柜台式服装 POP 广告——服装 POP 广告组合（服装画册展示架、立牌）

柜台式 POP 广告一般将展示宣传册及物品小样等摆放在柜台或者柜台旁边的展示架上。柜台式服装 POP 广告主要为本季服装的模特展示画册、新品服装推广画册、服装品牌及服装生产企业简介等等，一般摆放在卖场收银台旁边或者卖场内独立设置的展示架上。这种 POP 广告形式的目的在于推广已上市或即将上市的新一季服饰或者店内热销服饰。柜台式服装 POP 广告画册的页数较少，方便广告受众携带，并通过受众之间的接触将广告效果传播出去。

4）展示式服装 POP 广告——服装店内服饰陈列

展示式 POP 广告是服装 POP 广告的特有形式，即服装卖场内服饰陈列方式，服装卖场的灯光、色彩及整体营造的氛围成为介绍服装产品、吸引消费者的一种广告形式，也成为区别不同品牌服装风格和定位的手段之一。此种类型广告必须配合服装的整体定位，使陈列方式、灯光、色彩等元素与服装的某些元素融合。此类广告的作用在于通过营造整体气氛或者某种独特的展示方式给受众带来深刻印象，吸引消费者驻足甚至购买。

实训操作

【实训名称】为某品牌卖场制定POP广告

【实训目标】根据陈列管理相关知识内容的学习，能够结合企业实际情况，帮助企业设计POP广告。

【实训组织】以6~8名同学为一个操作小组，确定小组成员不同分工内容，完成该项工作任务。

【实训考核】小组代表上台演示汇报，其他各小组分组打分。同时结合教师打分，选出班级优秀作业推选企业，由企业专家指导点评。

任务三　店内通道设计

任务描述

卖场的通道设计是与空间规划紧密相连的,合理安排顾客通道,减少人流的交叉、迂回,避免人流量较大时出现拥挤和堵塞,使顾客在选购时感受到空间带来的韵律感和节奏感。

首先设计好相关的动线图,包括顾客动线、店员动线、后勤动线,然后设计出磁石点的位置。

知识准备

通道,有主通道与副通道两种,主通道诱导顾客进入,是贯穿全场的中心通道,而副通道是顾客移动的支流。一般情况下,主通道的宽度80~150厘米,副通道60~90厘米。主通道人流量最大,单人逗留时间短的通道为主通道。主通道的作用是引导人流走向,一般在中央展台周围。在主通道可以用无声的布置物品影响顾客,让其自由获取信息。人流驻留时间最长的通道为副通道。副通道的作用是让用户详细了解和体验产品。副通道是产生销售量最大的地方,可以通过销售员影响顾客,使之加深认识和产生欲望。

通道动线包括顾客动线、店员动线、后勤动线。其中顾客动线是指顾客在商店内移动的路线,动线愈完整连贯,就越能使顾客走遍全场看到更多的商品。店员动线是导购人员招呼顾客、解说产品、促销的路线,距离越短越好。后勤动线是进行铺货、补货、物流等工作的路线,距离短且不影响销售工作为最好。

一、店内通道布局形式

1. 直线式

直线式又称为格子式,是指所有的柜台设备在摆布时互成直角,构成直线通道。直线式沿一条直线安置货架,通道直顺,顾客流动较快。这种通道的优点是布局简洁,空间利用率高,商品一目了然,缺点是形式生硬。

2. 环列式

环列式指独立展台或货架放在中间(也被称为中岛),中间作为店铺"亮点"展示区域,其他商品沿墙面布置。

3. 复合式

复合式指根据商店的规模、类型和风格,把以上方式组合起来的形式。这种布局是根据商品和设备特点而形成的各种不同组合,或独立、或聚合,没有固定或专设的布局形式,销售形式也不固定。如店铺前后空间采用不同的布局形式,配合展示陈列家具的组合,构成丰富的店内人流通道,增加消费者的购物情趣。

二、通道规划

顾客动线的设计是在固定的空间里设计人流走动的主体方向,让消费者按照设计者事先设计好的路线流动。所以说,顾客动线是为卖场空间规划良好的、事先预订的顾客流动路线,延长消费者在店时间。规划人流动线的基本内容就是规划卖场通道,通道规划的合理性是卖场人流流畅的基本保证。

1. 决定主通道

为了让顾客浏览到卖场的所有角落必须先决定主通道,顾客习惯浏览的路线即是店内的主通道。大型卖场为井字或环形,小卖场为L或反Y字形。主打产品应陈列摆放在主通道的货架上,使顾客能够看到、摸到。

2. 设定副通道

一般副通道由主通道引导,使顾客到达不同的商品区域,副通道的数量和形态不定,依照卖场的个别需求及空间决定。依照主、副通道的方向将主力商品、辅助商品及其他类型的商品区分排列。

3. 顾客付款动线

顾客付款动线一般将商品区与收银台连接,将收银台作为动线的收尾。收银台适合与LOGO墙组合在一起,构成店铺内主要的品牌宣传展示,也是进入店铺后的视线着陆点。

总之在通道规划设计中要以人体工程学的研究为数据基础,除此之外,我们还要注意以下一些通道设计的规律和方法,这样能帮助我们完成更加科学合理的总体卖场规划。

（1）入口处的通道不能太拥挤,以免影响进店率,也不要有太多岔路可行。
（2）靠近墙面的通道大都比较宽,保证顾客在卖场里能顺利通行。
（3）通道大小可以作为区域划分的重要手段,最宽的通道往往是商品或区域划分的天然分隔线。
（4）中岛货架间的通道不一定要很宽,但决不能很窄,最好不能低于90厘米。
（5）收银台前面的空间要宽一些,至少应在150厘米以上,以免影响顾客通行和收银。
（6）中央陈列位置不宜过高,尺寸配合过道,使顾客行动流畅方便。
（7）应加强卖场内后部照明。

三、磁石点规划

通道里的宽窄和舒适程度,影响了消费者的进店频率,影响了顾客的客流动线。因此有必要通过考虑消费者的生活习惯,利用服装色彩、形态的变化以及光线明暗的变化等设计合理的磁石点,为顾客动线的流向提供辅助功能。

1. 陈列的磁石点理论

磁石点是指在卖场中最能吸引顾客注意力的地方,通过配置合适的商品以促进销售,并且引导顾客逛完整个卖场,以提高顾客冲动性购买比例。

2. 磁石点设置

1）第一磁石点：主力商品

第一磁石点位于主通路的两侧,是消费者必经之路,也是商品销售的最主要的地方。此处应配置的商品为能吸引顾客至卖场内部的商品。

2）第二磁石点：观感强的商品

第二磁石点位于通道的末端,通常是在卖场的最里面。第二磁石点商品负有消费者走入卖场深处的任务。在此应配置的商品有以下几种：

（1）最新的商品。消费者总是不断追求新奇。10年不变的商品,就算品质再好、价格再便宜也很难出售。新商品的引进伴随风险,将新品配置于第二磁石点的位置,必会吸引消费者走入卖场的最里面。

（2）具有季节感的商品。季节感的商品必定是最富有变化的,因此,卖场可借季节的变化做布置,吸引消费者的注意。

（3）明亮、华丽的商品。明亮、华丽的商品通常也是流行、时尚的商品。由于第二磁石点的位置都比较暗,所以通过配置华丽的商品来提升亮度。

3）第三磁石点：端架商品

端架是面对着出口或主通道的货架端头,第三磁石点商品的基本作用就是要刺激消费者,留住消费者。通常情况下可配置特价品、高利润的商品、换季的商品、购买频率高的商品、促销商品等。

4）第四磁石点：单项商品

第四磁石点指卖场副通道的两侧的位置。这个位置的配置,不能以商品群来规划,而必须以单品的方法,对消费者表达强烈诉求。可配置的商品有热门商品、特意大量陈列的商品和广告宣传商品。

5）第五磁石点：卖场堆头

第五磁石点位于工作台（收银区）前面的中间卖场,可根据各种节目组织大型展销或参与特卖的非固定性商品,以堆头为主。

除此之外,要让顾客尽量在卖场多停留,把顾客引入到陈列师设想的位置,还要求卖场的每面墙、每个高架都有个看点。卖场陈列的布局与动线设计是灵活多变的,根据卖场的面积、形状、目标顾客的购物习惯、购物心态、视觉规律、商品的定位、商品组合等要素进行深度的分析,才能确定卖场形象设计中的货架设置,顾客行走动线。而"磁石点"的作用在于创造卖场视觉焦点,引导顾客有序地逛完整个卖场,达到增加顾客购买率的目的。

实训操作

【实训名称】为某品牌卖场设计合理的通道布局图

【实训目标】根据陈列管理相关知识内容的学习，能够结合企业实际情况，帮助企业设计合理的通道布局图。

【实训组织】以6~8名同学为一个操作小组，确定小组成员不同分工内容，完成该项工作任务。

【实训考核】小组代表上台演示汇报，其他各小组分组打分。同时结合教师打分，选出班级优秀作业推选企业，由企业专家指导点评。

项目二　服装商品的有效配置规划

知识目标：了解色彩的基本原理
　　　　　　了解色彩的个性印象
　　　　　　了解商品配置的相关因素
　　　　　　掌握色彩规划的要点
　　　　　　掌握商品配置的具体方式
　　　　　　掌握卖场VDM的陈列运用
能力目标：能够熟练运用色彩操作技巧
　　　　　　能够进行服饰的有效色彩搭配
　　　　　　能够有效解决服装商品配置规划的实际问题
　　　　　　能够进行VP，PP，IP的有效调整
项目分解：任务一　服装商品陈列的色彩有效规划
　　　　　　任务二　从经营者和顾客角度制定有效的配置规划
　　　　　　任务三　卖场VDM的陈列运用

任务一　服装商品陈列的色彩有效规划

任务描述

　　色彩是给环境增添魔幻感的至关重要的部分,色彩是空间设计中重要的构成元素,色彩可以增大空间,体现空间个性,吸引顾客的注意力等。我们应该充分发挥和利用色彩的功能特点,创造出充满情调、和谐舒适的卖场空间。

知识准备

一、陈列色彩的基本原理

　　要理解和熟练运用色彩,最主要的是了解色彩的基本原理。卖场的色彩变化规律,是建立在色彩基本原理基础之上的,只有扎实地掌握色彩的基本原理,才能根据卖场的特殊规律,灵魂地运用到卖场服装色彩设计中。

(一)色彩的分类及属性

1. 按有无彩色分类

按有无彩色可分为无彩色和有彩色两类。

(1)无彩色:黑、白、灰,也称为中性色。无彩色有明有暗,表现为白、黑,也称为色调。

(2)有彩色:红、黄、蓝等颜色。有彩色就是具备光谱上的某种或某些色相,统称为彩调。与此相反,无彩色就没有彩调。

2. 按色彩的变化规律分类

在阳光的作用下,大自然中的色彩变化是丰富多彩的,人们在这丰富的色彩变化当中,逐渐认识颜色之间的相互关系,并根据它们各自的特点和性质,总结出色彩的变化规律,并把颜色概括为原色、间色和复色三大类。

(1)原色,又称为第一色,或称为基色,即用以调配其他色彩的基本色。原色是指不能透过其他颜色的混合调配而得出的"基本色"。三原色,由三种基本原色构成,当以不同比例将其混合,可以产生出其他的新颜色。三原色包括色光的三原色和颜料的三原色。色光的三原色指:红、绿、蓝三色。颜料的三原色指:红(品红)、黄(柠檬黄)、青(湖蓝)三色。将不同比例的三原色进行组合,可以调配出丰富多彩的色彩(图2-1)。

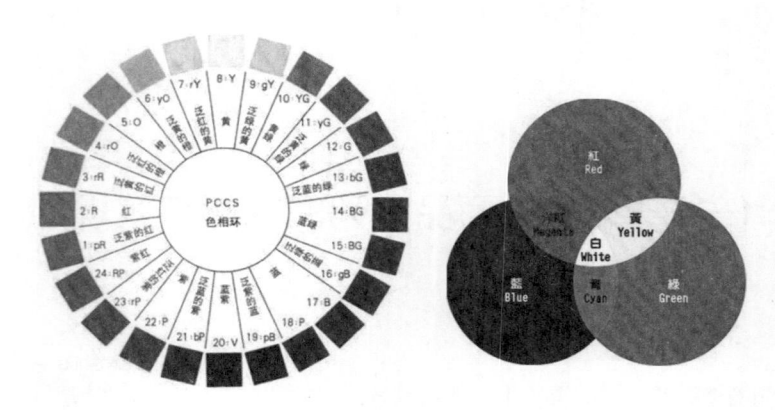

▲ 图2-1 色相环和三原色

(2)间色,亦称"第二次色",即(品)红、(柠檬)黄、(不鲜艳)青三原色中的某二种原色相互混合的颜色。当我们把三原色中的红色与黄色等量调配就可以得出橙色,把红色与青色等量调配得出紫色,而黄色与青色等量调配则可以得出绿色。在调配时,由于原色在分量多少上有所不同,所以能产生丰富的间色变化。

(3)复色,又称三次色、再间色,也叫"复合色"。复色是用原色与间色相调或用间色与间色相调而成的"三次色"。复色是最丰富的色彩家族,千变万化,丰富异常,复色包括了除原色和间色以外的所有颜色。复色可能是三个原色按照各自不同的比例组合而成，也可能由原色和包含有另外两个原色的间色组合而成（图2-2）。

3. 按色彩的属性分类

1）色相（Hue）

色相是指色与色之间的差别，也是色彩的相貌和特征，指色彩所呈现出来的质的面貌。红、橙、黄、绿、蓝、紫是色彩的六个色相。

2）明度（Brightness）

明度也称之为光度，是指色彩的明亮程度，深浅上的不同。

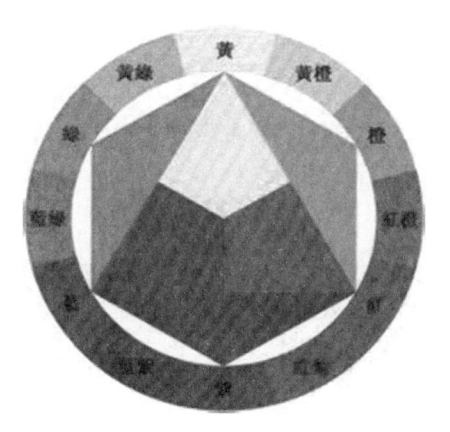

▲ 图2-2　复色

（1）同一色相：在同一个色相中加入不同比例的白或黑色，会使明度发生明显的变化。例如在黄色中加入白色越多，明度越高越亮，变成浅黄色；加入黑色越多，明度则越低、越暗，变成深黄色。

（2）不同色相：不同颜色的明度程度也存在不同，在六个基本色相中的明度由高到低的排列顺序为：黄—橙—绿—红—蓝—紫。

3）纯度（Saturation）

纯度指色彩的纯净程度，也称色彩的饱和度或者纯粹度。当一种颜色的色素饱含量达到极限程度，正好发挥其色彩固有特性，颜色便会显得非常醒目。即纯度越高，色彩越鲜艳。

（1）同一色相：在同一色彩中加入不同程度的黑或白色就会影响色彩的纯度，且加入越多纯度越低。在红色中加入白色越多，纯度越低。

（2）不同色相：不同颜色存在着不同纯度，其中原色纯度最高，其次是间色，最后是复色。

4. 相关名词解释

根据色彩环上相邻位置的不同，色彩可分为同种色、邻近色、类似色、中差色、对比色、互补色。在实际的运用中，一般又分成两大类：类似色和对比色。也就是将色环中色相距离在60度以内的色彩组合称为类似色，色环中色相距离在120度以上的色彩组合统称为对比色。

（1）同种色：是一种色彩的不同明度和纯度的比较。其搭配给人以含蓄、稳重的感觉。

（2）邻近色：色环上色相距离相邻30度左右的两个色彩的组合。其搭配给人以柔和、素净的感觉。

（3）类似色：色环上色相距离在60度左右的色彩组合。其搭配给人以雅致、和谐的感觉。

（4）中差色：色环上色相距离在90度左右的色彩组合。其搭配给人以明快、活泼的感觉。

（5）对比色：色环上色相距离120度左右的色彩组合。其搭配给人以强烈、活泼的感觉。

（6）互补色：色环上的色相距离180度左右的色彩组合。其搭配给人以响亮、炫目的感觉。

（二）色彩个性印象

从色彩理念到色彩的联想，设计色彩有着不同的个性表现，蕴藏着服装流行配色的时尚密码，有着不可忽视的色彩个性印象。

1）原色和补色

原色的纯度最高，属于扩张和外向的个性，有很强的视觉冲击力。补色虽然在明度和纯度上稍逊一筹，但仍是极为醒目的颜色，具有不小的感召力。如表2-1所示。

表2-1　原色的特点

颜色	特　点
红色	火辣辣的红色有很强的视觉冲击力，特别有分量感，它透露着坚定、坚强、热情和奔放。红色是令人瞩目和具有震撼力的色彩，在东方象征喜庆和吉祥
黄色	黄色是三原色中最耀眼、最明亮的颜色，它象征着富贵、光明、单纯和活泼。黄色因为醒目常被用于警示色，黄色还有一种特殊的身份，曾经是中国皇帝的"专用色"
蓝色	蓝色是永恒的象征，它是最冷的色彩。纯净的蓝色表现出一种美丽、文静、理智、安详与洁净。由于蓝色沉稳的特性，具有理智、准确的意象。单纯的蓝色在自然界中较为罕见，有时在专业上用"青"来表达更为确切
绿色	绿色是由蓝色和黄色对半混合而成，因此绿色被看作是一种和谐的颜色，象征着生命、平衡、和平。绿色也是最容易被看见的颜色，作为一种中立颜色，绿色与复苏、生长、变化、天真、富足、平静等有关
紫色	紫色是红色和青色（蓝色）对等调和色，它是黄色的对比色。紫色华丽典雅，有时还带有一点神秘感。紫色和橘黄色搭配有很强的视觉冲击力，紫色和红色的搭配使人有万紫千红的感觉

2）淡粉色

各色相的低浓度或者各种标准颜色中掺入大量白色而获得的颜色叫淡粉色。这种颜色清丽透明，视觉冲击力虽然不强，但令人赏心悦目，是比较容易被大众接受的色调。淡粉色中的暖色给人以温和、甜美、娇嫩的感觉，是女性（特别是少女）的色彩。淡粉色中的冷色调给人以清静、爽朗、典雅的感觉，是用途广泛（尤为男性适用）的色彩。

3）明亮色

明亮色是由一种色相或最多两种色相调和而成，纯度较高而明度适中的色彩。在色彩设计中，明亮色的应用最为广泛。明朗轻快、爽洁潇洒的明亮色是最容易使人感到轻松愉快、心情开朗，所以其也是最容易被人接受、所喜爱的色彩。明亮色的这些特性，使它在居家软装饰、妇女和儿童的服饰、日常生活用品中占较高的比例。

4）暗浅色

淡色调的复色，其明度较高而纯度较低，使之缺失了纯色、亮色所具有的锐气和耀眼的辉煌，取而代之是极为平静的朦胧感和素雅的柔美感。暗浅色是知识女性夏日服饰的色彩偏爱，独具魅力的暗浅色正在走向时尚。

5）鲜艳色

不饱和的原色和补色，以及它们的相邻色为鲜艳色。因此，鲜艳色大多由一种色相或最多两种色相组成。而多色相的混合会使色纯度降低,鲜艳的纯度也会大受影响。鲜艳色令人兴奋、激动,所以鲜艳色比较容易营造出欢庆的效果。鲜艳色也会令人感到愉悦,舞台演出的化妆和服装都偏向鲜艳色。充分利用鲜艳色的视觉感染力,可以在设计中创造出充满生机和活力的作品。

6)浓烈色

在原色及其补色比较饱和的颜色中少量掺入其他色,使之在明度略有降低而浓度相对较高的情况下产生鲜浓热烈的色彩称为浓烈色。浓烈色比原色更为醇厚、丰满,所以显得比较有品位,会给人高雅成熟的感觉。浓烈色艳丽不张扬、妩媚不轻佻,经常被用在迪斯科舞厅、咖啡馆、橱窗或展览等处,常常可以营造出异国风情、古典风格或浪漫情调。

7)深重色

在相对饱和的原色基础上掺入其他色,甚至掺入适量的黑色所形成的低明度的浊色就是深重色。它的特点是稳重而理智,同时也有一些保守和孤傲,像个城府很深的长者,人们觉得深重色的高档毛呢料服装是身份的象征,深重色的高档家具是豪华雅居的必配。

8)黑灰色

在各色相中加入大量的黑色或者三原色几乎同比例的增加浓度,都会形成深谙色调所特有的各种黑灰色,如果增加的浓度比例不等,就会形成各种浊色。虽然灰色调可深谙近于黑色,但是各种色相仍隐约可见,故给人以含蓄而深沉的感觉。若加上黑色本身所具有的庄重、华贵、威严的气派,使黑灰色能营造出种种极具个性而且成熟老到的色彩效果,尤其应用于男女白领的工作服、高档的家庭生活用品。

9)金银色

独特的金银色,是色彩世界中不可忽视的专色。其色彩的亲和力,常常成为色彩中的王子。耀眼的光环永远属于金银色。

(三)色彩的规律

1. 色彩的空间透视

色彩的空间透视实际上就是指空间色,这也是任何造型艺术无法摆脱的透视变化规律。因为人的视觉是按近大远小的透视原理来反映物体的远近距离的。同样大小的东西,靠近我们的则显得高大。距离我们远的,则感觉矮小,这是近大远小的形体透视规律所造成的。色彩也有透视变化规律,如近的暖、远的冷、近的鲜明、远的模糊等。尤其是画风景写生时,因为空间距离深远开阔,这种色彩透视变化的规律格外突出。而画静物时由于空间小,色彩的透视变化程度也相应地减小。一切物体不仅形象特征随着空间距离的增大而发生变化,而且色彩关系也随之逐渐削弱,这就是空间透视变化的基本规律。如果违背规律,硬是把远处的各种物体画得色彩鲜明强烈,那么它就会毫不客气地从远处跑到近处,从后边跑到前边,而失去了基本的空间透视效果。

2. 光与色的关系

我们能够看清物体色彩的媒介是光线。物体受到不同的光照,出现了阴阳向背及明暗、深浅,呈现出立体的、冷暖不同的色彩变化。因为光的作用,物体发生了环境色的相互散射的影响,不同的物体固有色互相辉映与影响而产生出五彩缤纷的丰富色彩。但应该指出,光源色的冷暖对自然界色彩的变化起着非常重要的作用。在有色光线照射下的一般规律为:在"暖色"光线下的物体,其亮部呈"暖色相",这时它的暗部就呈"冷色相"。在"冷色"光线下的物体,其亮部呈"冷色相",而它的暗部则呈"暖色相"。如果色光的冷暖不明显,就应按照两色光的强弱来分。一般情况下,早晨和傍晚的日光、灯光、火光等为暖色,中午的阳光、天光、白炽灯光等为冷光。

3. 关于人的视觉补色现象

色彩的冷暖关系,即补色关系。人的眼睛生理造成了对色彩的冷暖明暗要求,就像人的身体对温度的要求一样,太热了想阴凉一点,太冷了想暖和一点,光线太强就想弱一点,太弱了又想强一点。而人的视觉看太暖的色彩时间长了,就想看点冷的,看太冷的色彩时间长了就想看点暖的才舒服。这是人的视觉上的正常要求,这种要求构成人的视觉上的补色现象。

(四)陈列色彩的构成

陈列色彩主要由环境色和商品色两方面组成。环境色由上而下依次为:顶棚、墙面、货柜(架)、地台、地面。环境色是基本色,对整个陈列色调起主导作用,会对商品的色彩起强调或减弱作用,甚至会改变商品的色彩视觉效果。

一般情况下,要求环境色是色相与商品不能有太大的对比,而在明度上拉开距离,这样能更好地衬托商品。但也有些特例,比如高档品牌经常采用环境色和商品色明度非常接近的色彩设计,以此来提升品牌的档次。

二、卖场色彩规划的要点

成功的卖场色彩规划不仅要做到协调、和谐,而且还应该有层次感、节奏感,能吸引顾客进店,并不断在卖场中制造惊喜,更重要的是能用色彩来唤醒顾客购买的欲望。一个没有经过色彩规划的卖场常常是杂乱无章、平淡无奇的,顾客在购物时容易产生视觉疲劳,没有购物激情。所以我们在进行卖场色彩规划是要注意以下几个要点:

1. 分析卖场服装分类特点

根据服装设计风格、销售方式、消费群的不同,服装品牌对卖场的商品配置都有不同的分类方式。不同的分类方式,在色彩规划上采用的手法也略有不同,因此在做色彩规划之前,一定要搞清楚本品牌的分类方法,然后根据其特点再进行针对性的色彩规划。

若卖场按色彩或系列主题的分类方式,在陈列色彩组合中就比较容易搭配。因为服装设计师在设计阶段就已经考虑本系列色彩搭配的协调性,陈列时只需按色彩搭配的一些基本方法去做就可以。

若卖场按类别及非色彩分类,则在色彩搭配上有一定的难度。有些服装色彩比较杂,色彩之间可能根本没有联系,特别是打折的时候。针对这样的情况,我们通常先进行大的色彩分类,如先分出冷色或暖色，或按色相的类别分为红、黄、蓝、紫等色系，然后再进行细的调整。一些不协调的色彩，可以放在正挂的背后，或采用中性色进行间隔。实在无法协调的色彩可以拿出去，单独归成一个柜，找出几种重点突出的色彩，加大其陈列面积。也可采用正挂陈列，如果是挂多件服装的正挂通，应将它放在最外面的位置，或在侧挂中增加其出样数，以增加其色彩面积。这样由于色彩比例的不同，就在陈列面中形成一个主色调，并和其他色彩形成主次关系。

2. 把握卖场色彩的平衡感

普通的卖场，通常有四面墙体，也就是四个陈列面。而在实际的应用中，最前面的一面墙通常是门和橱窗，实际上剩下的就是三个陈列面——正面和两侧。这三个陈列面的规划，既要考虑色彩明度上的平衡感，又要考虑三个陈列面的色彩协调性。

卖场陈列面的总体规划，一般要根据色彩的一些特性进行规划。如根据色彩明度的原理，将明度高的服装系列放在卖场的前部。明度低的系列放在卖场的后部，这样可以增加卖场的空间感。对于同时有冷色、暖色、中性色系列的服装卖场，一般是将冷色、暖色分开，分别放在左右两侧，面对顾客的陈列面可以放中性色或对比度较弱的色彩系列。

另外要考虑卖场左右两侧服装明度的深浅，特别是在各系列服装色彩明度相差很大时就更要引起注意。在陈列中必须把握左右的色彩平衡，不要一边色彩重，一边色彩轻，造成卖场左右色彩不平衡的局面。

3. 制造卖场色彩节奏感

一个有节奏感的卖场才能让人感到有起伏、有变化。节奏的变化不光体现在造型上，不同的色彩搭配也可以产生节奏感。色彩搭配的节奏感可以打破卖场中四平八稳和平淡的局面，使整个卖场充满生机。卖场色彩节奏感的制造通常可以通过改变色彩搭配的方式来实现。如可以将一组明度高的服装货柜和一组明度低的服装货柜在卖场中进行间隔组合，或有意识地将两组对比的色系相邻陈列，这些方式都可以增加卖场的活力和动感。

总之，卖场的色彩要从大到小进行规划：卖场总体的色彩规划——陈列组合面的色彩规划——单柜的色彩规划。这样才能既在整体上掌握卖场的色彩走向，同时又可以把握好卖场的所有细节。

三、陈列色彩的具体操作技巧

（一）陈列色彩基本搭配方式

卖场陈列的色彩搭配方式有很多，这里列举几种常见的几种方式，这些方式也是国际、国内一些著名服装品牌在卖场中常用的。其原理都是根据色彩搭配的基本规律，再结合实际的卖场销售规律变化而成的，通俗易懂，容易掌握。这些色彩搭配方式即可用在服装和装饰品中，也可在服装和背景中灵活地使用。

1. 对比色搭配

对比色搭配的特点是色彩比较强烈、视觉的冲击力比较大，因此这种搭配方式经常应用于橱窗陈列中。不同品牌对卖场中对比色搭配的运用情况也有所不同，通常由于运动服装和休闲装的品牌特性，卖场中对比色的搭配范围比较广泛。而高档女装和男装卖场内部的对比色搭配通常进行部分的点缀，主要是丰富卖场的色彩搭配方式，调节卖场气氛，如图2-3所示。

2. 类似色搭配

类似色搭配会产生一种柔和、宁静的感觉，是卖场中使用最多的一种搭配方式，也是高档女装、男装常用的搭配方式。当然类似色过多的应用，也会使人觉得没有精神。因此在做类似色的陈列搭配时，要注意服装色彩明度上的差异，以丰富陈列效果，如图2-4所示。

3. 中性色搭配

中性色搭配会给人一种沉稳、大方的感觉，是男装卖场中最主要的色彩搭配方式。中性色具有协调两种冲突色彩的功能，如在绿色和红色之间插入中性色，就可以减少冲突，使整体色彩变得协调。因此在侧挂时要灵活运用中性色。

中性色的面积太多，也会让人感觉单调和沉闷，在中性色中加入一些有彩色，可以增加卖场中的气氛。以中性色为主的男装卖场中可以增加一些有彩色的饰品和道具进行搭配来丰富色彩，如图2-5所示。

▲ 图2-3 对比色搭配　　　　　▲ 图2-4 类似色搭配

▲ 图2-5 中性色搭配

4. 渐变法搭配

将色彩按明度深浅的不同依次进行排列，色彩的变化按梯度递进，给人一种宁静、和谐的美感，渐变法经常在侧挂、叠装陈列中使用。渐变法一般适合于明度上有一定梯度的类似色、邻近色等色彩。因为如果色彩的明度过于接近，就容易混在一起，反而感到没有生气。

渐变法在实际运用中主要有以下三种方式：

1）上浅下深

一般来说，人们在视觉上都有追求稳定的倾向。因此，通常在卖场中的货架和陈列面的色彩排序上，一般采用上浅下深的明度排列方式，就是将明度高的服装放在上面，明度低的服装放在下面，这样可以增加整个货架上服装视觉的稳定感（图2-6）。在人模、正挂出样时通常也采用这种方式。但有时候为了增加卖场的动感，也会采用相反的手法，如一件黑色上衣，下面搭配一条白色裤子等。

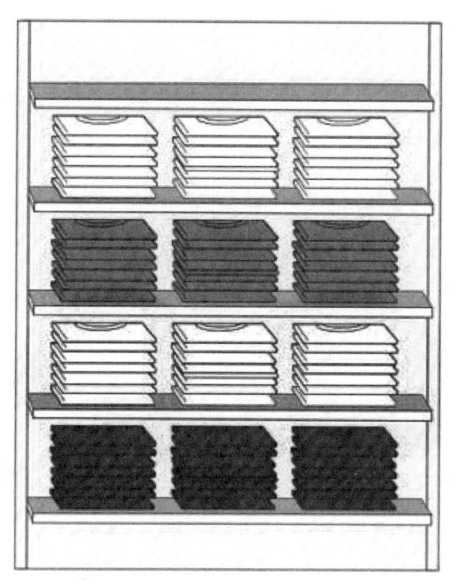

▲ 图2-6　上浅下深的色彩陈列

2）左浅右深／左深右浅

这种排列方式在侧挂陈列时被大量采用。通常在一个货架中，将一些色彩深浅不一的服装按明度的变化进行有序排列，会在视觉上产生一种井井有条的感觉。对于一些挂竿较长的货架，为了防止左右色彩的失衡，可以采用几个循环来排列。

3）前浅后深

服装色彩明度的高低，也会给人一种前进和后退的感觉。利用这些色彩规律，可以有意地将明度低的系列放在卖场后部，明度高的系列放在卖场的前部，以增加整个卖场空间的层次感和空间感。

5. 间隔法搭配

间隔法搭配是在卖场侧挂陈列中采用最多的一种方式。因为间隔法是通过两种以上的色彩间隔和重复，产生一种韵律和节奏感，使卖场充满变化，顾客感到兴奋。而且卖场中服装的色彩是复杂的，特别是女装，不仅款式多，而且色彩非常复杂，有时候在一个系列中很难找出一组能形成渐变排列和彩虹排列的服装组合。而间隔排列对服装色彩的适应性较广，正好可以弥补这些问题。

间隔法由于其灵活地组合方式以及适用面广泛等特点，同时加上其视觉效果，在服装的陈列中被广泛运用。间隔法虽然看似简单，但在实际的应用中，服装不仅有色彩的变化，还有服装长短、厚薄、素色和花色等变化，所以必须综合考虑。由于服装件数间隔所带来的变化，也会使整个陈列面的节奏产生丰富变化。

侧挂间隔法包括形态间隔和色彩间隔两种方式。

（1）形态间隔：用裤架、衣架的间隔进行，因为衣架和裤架造型的不同也会形成不同的效果，如图2-7所示。

（2）色彩间隔：用色彩进行间隔，使色彩变得有趣味性。色彩间隔陈列步骤如下：

①先将服装的色彩进行分类；②规划好各陈列柜的主色调；③将主要的色彩挂进去；④将搭配的颜色放进去；⑤再调整色彩的排列，包括位置和数量；⑥有破坏感的色彩要拿出来。

间隔法的原理就是采用明度或彩度较高的对比，使柜子变得更加精神。因此，我们可以在卖场中进行广泛的运用，如图2-8所示。

6. 彩虹法搭配

彩虹法搭配就是将服装按色环上的红、橙、黄、绿、青、蓝、紫的顺序进行排列，就像彩虹一样，它给人一种非常柔和、奇妙、和谐的感觉。

彩虹法主要应用在一些色彩比较丰富的服装品牌中。另外也可以应用在一些装饰品中，如丝巾、领带等。除了个别服装品牌，这种色彩如此丰富的搭配，在实际中还是比较少的，如图2-9所示。

（二）服装商品陈列的色彩搭配技巧

色彩是比语言传达得更快的手段，所以要想把传达的内容利用色彩来好好表现，即使不用语言说明也能够有效地传达产品的特征。因为色彩不仅能够营造愉快的消费环境，而且也为购买人提供美丽的视觉享受。要谨记销售产品的同时也是在销售色彩这一的魅力事实。全世界沟通使用的共同手段之一"色彩"，成为另一种"语言"，无声地使卖场更加多姿多彩。

1. 注意色彩的厚重感

在处理色彩时，必须了解色彩"色相""纯度""明度"的概念。认识色相，记住其名称，进而建

▲ 图2-7 形态间隔

▲ 图2-8 色彩间隔

▲ 图2-9 彩虹法搭配

立其感受。色相的名称很多,如果不能分辨出众多不同色相的色彩,那么色彩调配只是句空话。赤、橙、黄、绿、青、蓝、紫,这些便是基本色相的名称。

色彩也会影响重量感。根据使用色彩的颜色或纯度会有重量感的差异,但是明度受到的影响最大。明度高的亮色显得轻,明度低的暗色显得重。例如紫色系的颜色比橘黄色显得重。陈列商品时,如果是大小差不多的商品,就应该把色彩鲜艳的摆放到靠上的位置处陈列,暗色的放在偏下的位置处陈列,才能使挑选商品的顾客视线自然地从上往下移动,顾客从心理上不会有商品马上要掉下来的不安感。

2. 色彩产生的空间变化

色彩对空间大小的感觉也有影响。比如说,虽然是一样的款式,一样规格的衣服,穿黑色的看上去显苗条。再比如,虽然同样的空间,用明亮米色装饰的空间看上去比用深灰色装饰的空间宽。也就是明度高会在视觉上显得大,明度低则显得小。另外,在一个色系里,纯度越高视觉上越显得有扩张感。

陈列也是把纷繁的色彩向自然阶段规划移动的方法,在绿色系的色彩中要把亮的颜色陈列在前面,稍冷的色彩和最暗的色彩陈列在后面。按阶段自然移动的方法,色调变化不仅使卖场看上去更宽、更整洁,而且能够方便顾客选择,是最具代表性的色彩陈列方法。

在卖场入口陈列商品时,色彩的排列要从亮色到暗色陈列,货架上要从上到下越来越暗地陈列,才能给人以稳定感。根据季节惯例,夏天把清凉色调摆在前面,冬天把暖色调摆在前面的陈列更为有效果。

3. 呈现让顾客喜欢的色彩

每个人都有自己喜欢的颜色,不喜欢的颜色就不会进一步地仔细地观看。人会在无意识中寻找自己喜欢的两种颜色:一种是使自己"心情舒畅的色彩",另一种是让自己"心跳的色彩"。这两种颜色能使人安心或快乐,把两种颜色协调在一起展现,就能成倍地提高陈列效果。具体地说,就是把能够让人心情舒畅的颜色作为基础色,把能够让人心跳的颜色陈列在其上面。可以说一种颜色是"神经安静剂",另一种颜色是"兴奋剂"。给予安定的同时又能让人心跳的方法是一种心理陷阱,但它是一个不伤害任何人陷阱。"安心"和"心跳"是让顾客能够以愉快的心情购买商品的主要因素。

1)吸引女性的色彩

让女性变漂亮的色彩会使其失魂。以粉色为代表,看到这类颜色,就能使女性激素分泌活跃,还可以分泌出幸福感使女性更加女性化。红色也是女性喜爱并刺激其购买的颜色之一,如红色高跟鞋、红色指甲油、红色沙发等都是女性喜爱的商品。能够使女性失魂的颜色不只是粉色和红色,还有蓝色。其原因是,蓝色系列色是消除不安和压力的颜色。看蓝色能使人心情平稳,也有一种被安慰的感觉,所以能够吸引她们。

女性较男性喜欢的颜色更多,对色彩有着敏感的反应。喜欢颜色的热情也比男性强,看色彩时还带有感情。如果想营造整体的既轻松又柔和的氛围,就需要使用白色。灰白色和米白色的优雅沉静的感觉,这也是女性的特征之一。红色和白色搭配比完全用红色效果好;绿色与米白色搭配比全部用绿色时更有稳定感。

2)男性喜欢的色彩

年轻男性会对帅气的颜色感兴趣。那么男性根据什么,觉得特定的颜色是帅气的呢?这决定于男性心理有向往像战士一样刚强的形象。因此,厚重的形象较轻薄的形象更受普遍的欢迎。黑色、暗灰色、藏蓝色,就属于这样的颜色。

男性重视视觉表现出的"分明",即重要的是能够确实地看到。因此,要把握住男性色彩中最重要的是明暗的颜色差异,其次才是色调的视觉感觉。例如白色和黑色、银色和黑色、深蓝色和鲜艳的青绿色、红色和黑色、棕色和绿色的色彩搭配比较受欢迎,男性特别喜欢这样鲜明和分明的感觉。还有对绿色或棕色的感觉,有一种在自然中茁壮成长的理想魅力。

3)儿童的颜色卖点

红色是孩子们活泼运动和成长的能源;黄色刺激大脑,对语言发育有帮助;维持身心均衡需要绿色,孩子们的身体本能地想望均衡地发育,所以很自然地寻找绿色;蓝色可以均衡地刺激左脑和右脑,并帮助感性和理性的发育。如同孩子们从食物中摄取的营养一样,他们周围的色彩可以刺激感官,使其健康的成长。

儿童喜欢纯色,因为纯色是最能表达感情世界的颜色。但是在生活中,对中间色感兴趣的儿童也原来越多了。许多服装卖场为个性的儿童设计出黑白色的陈列,以吸引儿童和父母的视线。

4)适合老年人的色彩

一般,老年人眼睛昏花的原因是由于黑色素在眼球表面沉积的结果,从而变成像带了浅棕色太阳镜的状态,所有的色彩在他们眼里都会觉得比较暗。因此,当看到藏蓝色时如同看到了添加了浅棕色的灰色或黑色。所以,老年人有想要看到鲜艳颜色的欲望。

老年人的心情愉快可以提高其免疫力,变得更健康。当老年人感觉体力或力气下降时,容易产生焦虑忧郁的心情。这时,就需要用高明度漂亮的颜色,如鲜艳明亮的红色、活力的橘黄色和如熟透桃子一样的淡粉色等,对老年人起到激励的作用。所以,陈列时也要把明亮华丽的颜色配置在前面,以吸引老人们的视线。

4. 达到完美的色彩调和

调和(coodination)是将两种以上的事物统合协调的意思。特别是在时装的调和上,将上装下装、帽子、皮鞋、包、饰品等所带有的色彩、面料、细节、款式等要素按照共同性或相互关联性分类,再把这些商品按相互共性的因素协调后,塑造成一个完美的形象称之为调和。

调和的目的是促进顾客决定购买。在这一过程中,所展现的方法的差异点是能够与竞争店具有视觉上的差别化表现,因此就要求店铺或卖场要有独特的调和方法来进行演示陈列。服装的调和还包括利用两种以上的色彩相互衬托或调和,来提升整体效果的色彩协调。根据商品表现的素材感,利用无关联花样和谐的表现,从而得到意外的效果。多样的服装品类通过协调色彩混搭后,既能穿着协调,也能充分表现独特的个性。

1) 色彩变化的调和

把上衣或下装的色彩或款式相互交叉做调和。如果上衣选择了变化多的款式,那么在搭配下装时宜选择简单款式,才能更好地突出款式设计带来的卖点。

在调和人形模特时,要配上包、帽子、腰带、项链等一起演示,会比单纯用衣服展现更为有效。

2) 色彩统一的调和

调和连衣裙的颜色或款式时,其同一色相的颜色用在调和人形模特的上衣或下装会有统一感,并且可以得到强调连衣裙颜色或款式的效果。

与强调色做补色对比,或者在同一系列上给予明度差异,使每一个人形模特都形成调和,并且整体也要协调的演示。

3) 整理过的色彩调和

在表现同色系的衬衫、上衣、裙子、裤子的设计,或不同花纹时,多在年轻人之间流行的情侣装就是一个很好的演示。把上衣或下装以同色搭配演示时,能够展现出强烈的统一感和稳重感。直选上衣或下装中的一个颜色演示时,就能展现彼此呼应的统一感,并且也能够起到相互强调的作用。

任务二　从经营者和顾客角度制定有效的配置规划

任务描述

服装作为一个实用性和时尚性相结合的产物,其产品的属性比其他商品都要复杂。特别在服装品牌竞争越来越激烈的今天,面对着品种繁多的服装,顾客的耐心已经越来越少。因此怎样迅速地吸引顾客,让顾客轻松、快捷地找到所需要的商品,这需要从经营者和顾客双重考虑的角度出发,制定有效的配置规划。

知识准备

一、商品配置规划意义

服装作为一个实用性和时尚性相结合的产物,其产品的属性比其他商品都要复杂。特别在服装品牌竞争越来越激烈的今天,面对着品种繁多的服装,顾客的耐心已经越来越少。因此怎样迅速地吸引顾客,让顾客轻松、快捷地找到所需要的商品,这也是卖场货品分布规划的目的。

卖场商品配置规划就是将所有货品根据一定的规律在卖场中进行合理的安排。商品经过科学配置后,会对整个卖场的营销活动起到推动作用。卖场中的商品配置规划具有一定的科学性和规律性。服装的陈列，不仅会影响卖场的视觉效果，同时会影响销售业绩。因此我们面对着一批服装，不能毫无计划地或按照个人的喜好在卖场里随意放置，而是要对品牌特点和顾客购物心理进行科学的分析。在专卖店进行新货上市或新店开业的陈列时，首先不要急着去做陈列，而是要先做出卖场货品配置分布计划后再进行陈列。

商品配置规划要从两个角度进行综合考虑，并保证两个角度都能达到满意的程度。这两个角度就是顾客角度和经营者角度。

1. 顾客角度

1）方便顾客

卖场中商品要根据顾客的消费层次、品牌定位和商品特性进行灵活调整。要按照顾客的购物习惯或商品特点进行排列和分类，使卖场呈现一种整齐的秩序感。无论是主题陈列或一般陈列，排列和分类都要求简单易懂，具有一定的规律性，以引导顾客选择。顾客可以轻易找到所需的商品，使购物变得更便捷、轻松。

2）吸引顾客

在商品配置中要充分考虑卖场色彩以及造型的协调性和美感，在视觉上给顾客一种愉悦的美感，刺激顾客的消费欲望，使整个购物活动不仅成为顾客的商业性消费行为，同时成为愉快的时尚之旅。

2. 经营者角度

1）便捷管理

首先经过分类配置之后，卖场空间得到充分利用；其次是将商品按照一定的类别进行划分，使商品的管理具有规律性，方便导购员的管理，同时提高工作效益。导购员可以清晰地了解商品销售情况，进行每日盘存，防止货品损失等管理活动；最后是使整个卖场的管理工作标准化，便于管理和监督，以及进行流程化的推广。

2）促进销售

在配置中要充分考虑到商品营销规划，使卖场中的营销活动具有更多的针对性。如通过有目的推销性配置，将主推款放在卖场的主要位置；通过搭配陈列促进顾客的连带消费，增加销售额；根据不同时间对卖场商品进行位置的调整等。这一切都可以使卖场销售变得更加主动。

二、商品配置考虑的因素

对卖场中的货品进行有计划的配置，可以让整个卖场的视觉营销活动，在符合顾客消费习惯和商品属性的前提下，有目的、有组织性地进行。要做出一个正确的商品配置规划，必须要考虑以下因素。

1. 秩序

秩序可以使人们的生活和工作环境变得井井有条，卖场也不例外。每个顾客都喜欢在一个分类清楚、货品排列整齐的卖场中选购商品。有秩序的卖场可以使顾客轻松地寻找想要购买的货品。做好商品有秩序的分类工作，让卖场的管理便捷化，是做好卖场陈列最基本的保证。

卖场的秩序除合理安排货架、道具外，还要将卖场中的商品按一定规律进行排列和分布，即使是以打折形式随意丢放在花车中的服装，通常也可采用价格或其他方式进行分类。这样才能使卖场有规则，分类清楚，容易寻找。

秩序着重考虑顾客购物中的理性思维特点，多适合以下情况：

（1）顾客需要进一步了解寻找商品的种类、规格、价格等。

（2）事先有购买计划或比较理性的顾客。

（3）设计感不强、比较注重功能性的商品，如内衣、羽绒服等。

秩序性分类方法偏理性，分类的形式和销售报表比较接近，统计和管理都比较便捷。这种分类方法便于顾客集中挑选和比较，现场管理比较简洁。如先按商品的大类划分，然后在每一大类中，再按商品的规格、面料、价格等不同因素进行二次划分。其既适合服装设计感较弱的基础性或功能性服装，如内衣、打折物品等，也适应大多数顾客的购物心理，特别是理性认识占主导的顾客。但对于感性认识占主导的顾客来说，当她们站在许多同类商品前时，往往觉得无从着手。

2. 美感

在卖场商品配置规划中考虑美感，目的是使卖场中的服装变得更吸引人，是一种偏感性的思维。一个服装仓库可能很有秩序感，但不一定有美感。服装和一般的消费品不同，人们对其在美感上的要求比其他商品要高。美是最能打动人的，顾客对一件服装做出购买决定时，服装是否有美感会在整个购买决定中占到很大的比例。同样，一个卖场整体和陈列面是否有美感，都会影响顾客出入、停留和做出购物的决定。因此卖场的商品配置要考虑是否能充分展示卖场和商品的美感。把美感作为商品配置时首要考虑的问题，常常可以收到非常好的销售效果。

美感优先的商品配置法，实际上就是按美的规律进行组织性的视觉营销，使服装在视觉上最大限度地展示其美感。这种配置着重考虑顾客购物中的感性思维，激发顾客购物欲望，引发顾客冲动的消费。其方式可以通过对色彩系列和款式的合理安排来达到，也可以通过对称、重复、均衡等组合手法使卖场呈现节奏感。其特点是容易进行组合陈列，创造卖场氛围，迅速打动顾客，并能引起连带销售。特别适合女装、西装以及设计感较强，配置性较强的服装。

3. 促销

卖场中的商品配置规划，还必须充分考虑和商品促销计划的融合。每个成熟的服装品牌在其初期的设计和规划阶段，一般都会对商品进行销售上的分类。如通常服装品牌都会将每季的商品分为形象款、主推款、辅助款等类别，同时在实际销售中还会出现一些真正名列前茅的畅销款，因此要合理地安排这些货品。如卖场的前半场一般是销售额较高的"黄金区"，后半场则要差些，可以有意识地将主推款放在"黄金区"，以促进其销售业绩。而当主推款完成一定的销售任务后，则可以将一些滞销的货品调到"黄金区"，进行有意识的促销活动。还可以通过有意识的商品组合，如进行系列性的组合，开展连带性的销售，使整个陈列的工作和服装营销有机地结合在一起，真正地起到为销售服务的目的。

三、商品配置规划的具体方式

卖场的商品配置规划最重要的一环就是将商品进行分类,并按照一定的分类方式对卖场商品进行排列分配。商品的各种分类方式都有其优缺点,为了方便顾客、引起顾客的兴趣,配置规划常常是将多种分类方式结合使用。卖场中常见的商品分类法有以下几种。

1. 色彩分类

人们对色彩的辨别度最高,对形状的辨别度次之。和谐的色彩也最能打动顾客,引起顾客购买欲望。因此女装品牌卖场往往采用色彩分类法。卖场商品的色彩配置不仅要考虑单柜的效果,而且要考虑整个卖场的效果,要使整个卖场呈现和谐的状态。

2. 性别分类

根据顾客的性别进行分类,适合目标顾客群较广的品牌。如休闲装、童装都是先按男女分区,这样既可以方便顾客的挑选,同时可以很快把卖场中的顾客分流到两个区域。

3. 品种分类

品种分类源于大批量销售,就是把相同形式的商品归属一类。如把卖场分成毛衫区、T恤区、裤区等。其特点是方便顾客挑选,并且具有可比性,卖场的管理也方便,如进行盘存、统计等工作也便捷。比较适合搭配性较强、款式简单、类别较多、销售量较大的服装,如中、低档的休闲装等。缺点是色彩搭配比较难做,容易混乱,系列感不强,需要导购员进行引导,或在卖场中局部进行搭配陈列,以弥补不足。

4. 价格分类

价格分类即将卖场的货品按价格进行分类。由于每个品牌都有一定的价格区间,顾客选择进入你的卖场,基本都能承受该品牌的价格范围。因此在常规的卖场中很少使用。但对于清货打折时,由于顾客对价格的敏感度增加,所以采用价格分类的方法会达到较好的效果。另外一些以低价为主的服装品牌,由于目标顾客对价格比较敏感,也可以按价格对商品进行分类。

5. 风格分类

风格分类主要适用风格和系列较多的服装。如按照不同场合的穿着而分类,一般可分为休闲、职业、运动等类别。

6. 尺码分类

尺码分类是按尺码规格进行排列,如大、中、小号或按人体尺寸进行排列,可以使消费者一目了然,随手选出自己需要的尺码。由于在卖场中一般都备有齐全的尺码,因此尺码不会成为顾客首先关注的问题。顾客往往对一款服装的色彩、款式、面料考虑完毕后,才开始关注尺码问题。所以一般情况下,尺码分类常常作为其他分类方式的补充。但在童装店、衬衫店由于尺码是顾客购物时首先要考虑的问题,所以也会采用尺码为先的分类排列。

7. 系列分类

系列分类就是按照设计师设计的系列进行分类。按系列陈列可以加大产品的关联性，容易引起连带性的销售，适合品种较少的品牌。而对品种较多的品牌却不太合适，因为占用的空间比较大。同时太多的组合陈列也会使卖场混乱，管理比较麻烦。

8. 面料分类

面料分类即按服装面料进行分类，如皮衣专柜、毛衣专柜、牛仔专柜等。这种分类方式，一般需要卖场的商品中，采用这种面料的商品要达到一定数量，能独立陈列为一个系列；同时其面料风格或价格与其他产品相差比较大，有特殊的卖点。如把皮衣专柜独立陈列成系列，就是要突出皮衣高贵的感觉，在价格上形成差异。把牛仔独立成柜，一方面是突出牛仔粗犷的感觉，还因为牛仔的分类已成为传统的方式。但注意依面料分类不宜太细，因为很多顾客对面料的认识度很低。因此一般分成大类，然后再使用其他分类法细分。

四、商品配置规划的运用及案例诊断

（一）商品配置规划的一般解决方案

在进行卖场的商品配置规划时，实际上会碰到很多的问题，常用的解决方案罗列如下。

1. 根据顾客需求设置卖场

在对卖场的商品进行配置时，要对顾客的购物行为进行研究。可以先从顾客角度进行商品规划，因为无论选择哪种配置组合方式，其主要目的都是为了吸引顾客。通常做法是对几种分类方式进行综合考虑后，再进行分类次序的排列，从中找出最有利于营销的配置方案。

2. 根据不同销售目的进行配置

可以将一个主要的分类方式排在首位，其他的分类方式依次列为第二、第三位。第一层次的分类法必须容易辨识，必要时用图形和文字辅助。如卖场中的性别分类，可以通过在卖场中设立指示牌和在货架上设立POP，或用POP上的图形和文字明确地告知顾客。

3. 根据品牌定位、商品特点及各阶段营销灵活调整

面对不同的品牌定位，顾客的购物取向排序也是不同的。如在内衣店，顾客可能先找到合适的尺码，然后再挑选款式、色彩和面料，最后才考虑价格。而在打折季节，价格就成为顾客首要考虑因素，而款式和色彩此时就成为第二个考虑因素。因此，这时就必须对原有的配置方式进行适当调整。

4. 简化配置分类层次

太多的层次容易使顾客感到厌烦，因此分类配置要先大类再小类，先显眼的再不显眼的，这样做的目的就是要让消费者更容易辨识商品。色彩和造型是最容易被顾客辨识的，所以可以经常看到，在许多卖场中把色彩分类和款式分类作为第一分类排序的实例，面料、功能、价格等往往被放在后面。

5. 分类的层次要简洁

例如我们要在超市里买一支绘画铅笔,首先要找到文具区,然后寻找笔的类别,再寻找铅笔。这种分类法,主要是让顾客以最简捷的方式搜索到所需物品,同时这种搜索方式也是被顾客认同的。搜索的层次也很少:文具→笔→铅笔,共三层就完成整个搜索。如果用其他分类方式也可以,但可能完成搜索层次比较多,搜索的方法比较模糊。

6. 配置规划要合理

商品配置必须要考虑商品原来的营销规划。如主推产品和辅助产品所占比例,各系列服装之间出样数的比例等。合理的比例配置有利于完善系列产品展示的整体形象,并且可以掌握销售节奏,突出主体和焦点,适度调整布局并把握销售趋向,最大限度地开发销售潜力。

7. 考虑销售管理便捷

如把开架式货柜上小饰品放在收银台的附近或收银台的玻璃柜中,一方面是考虑到顾客在付款时可以引起二次购买行为,其次是方便管理,防止商品的丢失。

总之,卖场的商品配置规划是一项重要和细致的工作,我们只有掌握其规律,并在实践中不断摸索,才能找到一条更适合自己的品牌和不同销售阶段的科学的商品配置方式。

(二)从经营者角度规划陈列的实例分析

1. 根据现在的产品系列和色彩来整合货品

问题1:店铺每月上新货,陈列应该从哪入手?

1)情景再现

某品牌专卖场,夏季新货品到店,店长自己先做了陈列。陈列师和该店的督导来到店铺,督导一进店就挑起了毛病。督导:"这几个吊牌怎么露在外面呀?不是说过吊牌不可外露吗?"店长:"刚才一个顾客掏出来看价格的,这顾客才刚走,还没来得及放回去,这几件刚试过的外套拉链也还没拉上呢。"督导:"赶紧把吊牌和拉链弄一下,陈列还原也不知道呀!还有那杆中岛上的货是怎么回事呀?都是些什么货品呀?怎么乱七八糟的,还那么挤?"店长:"哦,不是刚来了新货嘛,我把新货陈列在前面了,最后放不下的就都放在那儿了。"督导:"陈列怎么能这么做呢?要让陈列师教教你了。"

这时,陈列师没闲着,她已经开始调整陈列了,督导和店长见陈列师在弄陈列,就开始给她帮忙,大约两小时,陈列调完了。调完之后,店长突然说:"呀,那个系列很多货品都断码了,再出在那里不好吧?"督导:"你刚才怎么不早说。"店长:"你们又没问我呀。"

陈列师:"那还是重调吧。"于是,她们又重新忙活了一个多小时,终于完成了。这时店长问陈列师:"每次上新货时调陈列怎么调呀?你告诉我,我下次就自己调了。"

2)问题诊断

上面的例子中,陈列调了两次依然还有提升的空间。如果是有经验的陈列师,他会走这么一个过程:先看,后听,再做,最后说。看:观看店铺陈列现状和已经进店顾客的情况。听:听一下店长介绍货品的销售与库存情况——哪些是销售好的,哪些是销售差的,哪些是库存量大的,哪些是已经卖断码的。另外也可以了解一下店长对这次陈列有什么想法。做：了解店铺的销售情况和库存情况后，再问清店长的想法和顾虑，就可以做货品的整合和规划，最后做全店的陈列工作了。说：陈列做完之后，要说说自己的用意，特别是店长有顾虑的地方，说明白之后，就不用担心店长又调回去。国内品牌的货品系列感普遍不强，所以货品整合就变得非常重要。陈列工作可细分为以下几步：

（1）货品整合：将所有货品系列整合至与店铺货杆数相匹配。

（2）卖场规划：将主要的货品系列陈列到合适的位置上，并保证其美观性。

（3）单杆陈列：安排店员做好每杆货的点侧挂陈列，必要时先做一下示范。

（4）模特陈列：指定色系，安排店员做好橱窗与店内的模特陈列。

（5）饰品陈列：安排店员做好饰品陈列，包括饰品层板、流水台、侧挂上层各种饰品专区等（叠装的陈列也在这个阶段进行）。

（6）细节检查：如吊牌外露、拉链没拉等问题。

以上6步，你可以根据具体情况而有所变化和扩展，但是不管如何变化，货品整合这个步骤不能缺少。

问题2：货品杂乱无章的情况下怎么做陈列？

1）情景再现

几个朋友合作开一家品牌店。因为她们在创业前，分别是行业内知名品牌的营销总监、人力资源总监和商品经理，对品牌起步方面把握得比较好，短短一年时间，店铺开了接近10家，均为自营店，且每家店铺都在赢利。其中的一个朋友说："以前做营销总监所积累下来的人脉，让开店变得很容易。虽说店铺设计和产品等硬件都规划得差不多了，但软件方面还很缺乏，尤其是陈列，在这种情况下，不敢贸然大量开店。"

她们在重新开店铺的时候，请了陈列师帮着做陈列。陈列师看到这家店铺的设计和装修对这个店的定位来说是相当不错，从单品款式到价格也都很有竞争力。唯独货品杂乱不堪，陈列方面真不敢恭维。

这个新店铺的陈列情况是怎样的呢？店里的货品颜色多而且杂乱，黑、白、灰、墨绿、藏蓝、米色、啡色、驼色、橘色、牛仔蓝、粉红、豹纹、横条等十多个颜色和花纹，对于全店来说，虽不算太多，但分布很乱，每杆都有五六个颜色，导致全店比较杂乱，让陈列工作无从下手。

2）问题诊断

要先了解全店的销售情况和库存情况，包括VIP、连带销售等情况，然后在没有顾客的时间，做了下面10件事情：

（1）集中区域销售管理人员、店长和店员，告诉她们陈列师接下来要做的工作。

（2）开始分配人员将所有货品按照颜色分别集中：所有的墨绿和绿色拿到前面右半场，所有的白色集中在第一杆中岛上，所有的米色驼色和啡色集中到左半场，剩下的几个中岛分别放灰色、粉红、条纹各一杆，藏蓝和牛仔先放后半场那个角落，咖色的豹纹去咖色那里，灰色的豹纹去深灰那里，黑色往收银台旁边几个货杆上集中。

（3）示范性地做 3 杆绿色货品陈列，分别是墨绿 + 白色 + 黑色，墨绿 + 浅灰，绿 + 黑色。

（4）分配人员做其他货品组合。

（5）把比较好的款式出正挂，前提条件是正挂的颜色是侧挂中有的颜色。

（6）每件货品都是 2 件出样的，把 3 件的抽掉 1 件，颜色一样的 2 款断码的单件货品放在一起，抽掉了二十多件衣服，原本略显拥挤的货杆要好一些了。

（7）将那些单件断码不合群的产品拿出来，要么放在点挂的后面，要么穿进侧挂的背心和开衫里面去。

（8）调整橱窗里模特的服装，颜色不超过 3 个，品类尽量丰富一些，尽可能搭配配饰，这样整体感很强而且品类丰富。

（9）围巾区和项链区原本就很好，不用动。把各自区域上面空着的层板，用叠装填起来，2~3 叠都可以，每叠 3 件，颜色是下面侧挂里面有的颜色。

（10）最后完成射灯的调整。

货品整合时，可采用先集中、再组合的办法，每杆不超过 3 个颜色，"鸡肋式"的款式可以巧妙隐藏，或者调到别的店铺。做到这一点，货品整合就不再是难事。

问题 3：系列数多过货杆数时，陈列怎么做？

1）情景再现

某年夏末，某女装品牌位于一地级城市的专柜，店铺有 8 个货杆，因为累积新上货的原因，店内此时有 10 个系列，色彩分别如下：

（1）橘色 + 黑色橘圆点 + 白色。

（2）橘色 + 牛仔蓝 + 米色。

（3）黄色 + 黄黑花纹 + 黑色。

（4）绿色 + 黑白绿花纹 + 黑色。

（5）绿色 + 白绿碎花 + 白色。

（6）藏青色 + 白色。

（7）蓝色 + 蓝白条纹 + 白色。

（8）紫色 + 紫米黑碎花 + 米色。

（9）紫色 + 紫米黑碎花 + 黑色。

（10）黑色 + 黑白横条 + 白色。

此时，店长困惑了，一共 10 杆货，却只有 8 个杆子，这可怎么陈列呢？怎么放也放不下呀！

2）问题诊断

每个店铺在季节的末尾，都会面临这样的一个问题，色系过多，系列数多于货杆数，这时首先要做的工作就是货品整合了。于是让店长按前面所说的"先集合、在组合"的方式，做了下面的工作：

（1）先将所有的颜色集中，出现在我们面前的颜色分别是这样的，橘色1杆、黑白橘圆点1/3杆、黄色1/3杆、黄黑花纹1/3杆、绿色1杆、黑白绿花纹1/3杆、白绿碎花1/3杆、蓝色1/3杆、紫色1/3杆、紫米小碎花1/3杆、粉色1/3杆、黑粉色花纹1/3杆、黑白横条少量、黑色2杆、白色2杆、米色半杆、藏青1/3杆、牛仔蓝1/3杆。

（2）色彩集中后，根据彩色的款式，初步想法这样的，橘色2杆、黄色1杆、绿色1杆、蓝色1杆、紫色1杆、粉色1杆、黑白1杆，一共8杆，下面需要给彩色分配搭配色。

（3）这8杆杆货的颜色搭配是这样的：①橘色2杆：橘色+黑白橘圆点+黑色、橘色+牛仔蓝+白色；②黄色1杆：黄色+黄黑花纹+黑色；③绿色1杆：绿色+黑白绿花纹+黑色、绿色+白绿碎花+藏青色；④蓝色1杆：蓝色+蓝白条纹+白色；⑤紫色1杆：紫色+紫米小碎花+米色；⑥粉色1杆：粉色+黑粉色花纹+黑色；⑦黑白1杆：黑色+黑白色花纹+白色+黑白横条。

（4）将10杆货整合成8杆货，货品会略微有点挤，此时撤掉部分"不动款"，套穿和隐藏部分"鸡肋款"，8杆货品就整合完成了。

（5）做完上面的工作，相当于做完了第一步货品整合，接下来就是卖场规划、系列衔接、出点挂、挑战侧挂节奏、出模特、搭配饰品、陈列饰品和叠装，最后调整射灯，检查一下就完成了。

当系列数多于杆数时，货品整合是难免的。将各种色彩集中以后，可以根据彩色货品的量，也就是款数，来确定每个颜色分别陈列几杆货。如集中后有1杆的绿色，可以做2~3杆的绿色系，至于是2杆还是3杆，则取决于这个色系的销售情况和库存情况，以及其他彩色的总杆数。彩色的总杆数和店内货架数一致，就可以给它们搭配中间色了。

2. 把握好系列、色彩、大类、折扣的先后次序

问题1：大系列风格不同，色彩又丰富，先分色系还是先分系列？

1）情景再现

某国内知名女装名牌，品牌的产品结构分为四大系列，分别是：

A系列：高端系列，大部分货品采用进口面料缝制，注重品质感，同时兼顾实穿性，比B系列的价格要高一些。B系列：品牌的主力系列，也是销售最好的系列。C系列：JEANS系列，适合顾客平时休闲穿着，款式偏休闲时尚一些。D系列：红地毯系列，也就是礼服系列，产品价格较高，但款式较少。

该品牌在某省会城市开了一家二层楼近800平方米的旗舰店，陈列师和总部人员决定一起做陈列。她们首先将A、B、C、D四个系列分开陈列在不同的区域内，然后在每个区域内做货品整合、区域规划、点侧挂陈列、模特陈列、饰品与叠装陈列以及细节调整等。结束后，每个区域均呈现出不同的产品风格与特色，且每个区都很精彩，公司高层领导十分赞赏。其中一位领导说："这次陈列做得非常好，以后的陈列就照这样做。"陈列经理补充了一句："各大系列分开陈列"。陈列师们谨记在心。某日来到某城市，该品牌的专柜位于当地最好的商场里面，但营业面积只有80平方米，陈列师和店长做过交流之后，按照领导的指示，先把ABC系列分开（因为店小没有礼服系列），再在每个区域做规划工作。整个店铺做完以后，发现一问题，C系列只有3杆货的量，可颜色却多达10个，再加上花色丰富,每杆货都有5个以上的颜色,相当杂乱。而B系列也是如此,A系列因为颜色少而略好一点,全店乱成一团糟。陈列师心中纳闷:不是说要先分开A,B,C系列吗? 现在分开了,怎么变成了这样子?

2)问题诊断

陈列师将大店的陈列方式套用到小店里是不妥的。大店可以保证四个系列都有多个货杆,就不会出现上面所说的10个颜色挤在3个货杆上的情况了。在这种情况下,建议不分系列,直接从色系入手即可。仔细想一想的话,有些B系列的款式,如果设计师当初把它放进A系列来做,它就是A系列产品了,还有某些B系列的款式,如果设计师当初把它放进C系列,那么今天在店铺,它就是C系列的了。所以不要用太多的条条框框限制住自己。

在考虑先分系列还是先分色系的时候,记住一个原则:大店分系列,小店直接分色系,特殊情况时则要变通。比如店铺内同时有正价和8折货品时,则要先分析折扣,再分色系。若店铺同时有孕妇时装、孕妇睡衣、孕妇防辐射服等功能性产品时,则要先分类别,再分色系。

问题2:店内同时出现去年和今年的货品,如何陈列?

1)情景再现

某年6月,某女装品牌加盟商的商场专柜里,12个货杆上分别陈列着当年的夏装,上一年的夏装和上一年的冬装,其中两年的夏装均为正价销售,而一杆中岛上的冬装打5折反季节销售。将上一年的产品拿出来继续销售的原因是该加盟商库存压力较大,所以适当减少了当季订货量。一杆反季节的货品做5折销售,也是为了减轻库存压力。而对店长来说,这个情况的陈列就比较难做,因为两年的流行色和流行元素不同,两年的色系有差别,花纹和图案也不相同,整体上比较杂乱,那么这种情况下,陈列怎么做呢?

2)问题诊断

首先翻看近两周的销售单,当季货品占比近80%,上一年的夏季产品占比20%,而反季节销售的冬装,一个月仅仅卖出一件,还是一件春秋冬都可以穿的产品。陈列师在与加盟商、店长进行一系列的沟通之后,进行如下调整:

(1)将反季节销售的一杆冬装全部下架。

(2)将两年的夏装先分开,并分别做色系集中。今年流行亮色,而上一年的亮色并不多,于是开始做色系整合,接近亮色的和当季的放在一起,有色差的产品则套穿起来放在点挂后面。

(3)将部分当季产品重复出样,以加大当季产品的气势。

(4)最后做货品重组、卖场规划,按步骤做好,也就完成了。

总之两年的产品同时出现的情况有两种,上面的例子是全都正价销售的情况下,做出新款的气势,将中间色的老款放进去滥竽充数,也可以以假乱真。另一种情况是新品正价,而去年货品打折,这时就要完全分开陈列,先分折扣再分色系来陈列。

3. 用陈列体现出产品价值感

问题1：如何陈列会让店铺有档次感

1）情景再现

某年圣诞节前，有位陈列师和一位做督导的朋友到当地客流量最大的商场二楼逛店，就在快到朋友的店铺门口时，听到两个女人在聊天，刚好提到了朋友工作的品牌。中年妇女甲："我们进去看看吧，她们家的衣服好像还可以。"中年妇女乙："算了吧，这个店一点档次都没有，我带你去别家，给你选几件。"朋友依稀愣住了："什么啊？我们品牌没有档次吗？好歹我们也是这个楼层最好的品牌之一，销售排名还前三呢。"陈列师说："那刚才那两女人说的那个品牌，楼层销售排第几呀？"朋友："第一，长期第一，我们不能比的，主要是说那个品牌的各方面条件好很多。"陈列师说："咱们去看看吧。"朋友："好的，正好你也看看我们店，是不是真的没档次。"

他们把主要产品都逛了一遍，发现一个问题，因为快圣诞节了，朋友的店铺里挂满了各种各样的圣诞小装饰，圣诞树、铃铛、圣诞老人、小球、六角形雪花、蝴蝶结、圣诞袜、松果、圣诞帽以及各种圣诞贴纸，而那两个女人说的品牌，仅仅在橱窗布置了一棵圣诞树，还是定做的，市面上买不到的那种。对比一下就出来了。

2）问题诊断

朋友的品牌和竞争品牌都是中高端定位的，价格也差不多，冬季产品平均单件2000元/件，而圣诞布置确实天差地别。

店铺档次感是很多陈列师会忽略的一个重要问题，你店铺所定位的顾客往你门口一站，觉得这个品牌配不上她的时候，那就出大问题了。所以，你想把产品卖给谁，就得把店铺陈列得符合他们心里定位的样子。

问题2：如何陈列会让货品有价值感

1）情景再现

南方一线城市某知名女装品牌专柜，该店花色和彩色产品较多，陈列比较困难。店内长期有7折、8折和正价的货品同时存在，这就使陈列更为难做。店长将货品按折扣分好后，会在8折的货杆上夹上标示牌，每杆产品的色系比较杂乱，另外有一个玻璃柜，长期铺着各种杂色的7折产品。有好几次，顾客看中玻璃柜里铺着的衣服，试穿之后，也非常不错，最后问："多少钱？"店长说："原件499，折后价350元。"顾客："350元？几折呀？250元还差不多。"店长："7折的，小姐。"顾客："就这样还7折呀？5折我就买，5折多少钱？250元是吧？"店长："对不起小姐，公司的规定，折扣不能动的。"店长当然不敢擅自打5折，最终顾客也没买，类似这样流单的情况发生过好几次。这是什么原因呢？

2）问题诊断

首先，凌乱的店铺陈列，已经让店铺的档次感打了折扣，吸引进来的顾客层次自然会偏低一些。另外长期打折销售本身就降低了产品的价值感，这样就会让顾客认为你的8折就是你的原价，那你集中在中岛和玻璃里的凌乱货品应该是低折扣销售的,一听7折,当然就觉得不值这个价了。

这个店铺,因为坚持多种折扣的原因,可以做以下的调整:

(1)因7折产品很少,近期销售件数也较少,店长店员也都记得是哪些款,我们将7折产按色系穿插到8折和正价货品中。

(2)正价和8折货品分开陈列,在各自的区域内做货品整合、区域规划、点挂陈列、模特出样、饰品陈列等。

(3)少量杂色的"鸡肋款"在点挂后面和侧挂外套里做了隐藏。

问题3:皮衣、裘衣等贵重物品如何陈列?

1)情景再现

某年冬天有这样一个店铺:店铺收银台附近放着一杆中岛架,上面陈列了30多件皮衣,以黑色为主,另有少量的咖色和灰色,还用铁链锁起来。一位女性顾客逛到这里,随手翻出一件皮衣看了看,问了一句话:"这是真皮的吗?"不管店员怎么推荐,顾客仍然没试皮衣。顾客走后,店长疑问:"已经不是第一个顾客这么问了,难道我们的皮衣像假的吗?"

2)问题诊断

在消费者眼中只有那些卖假货或便宜货的,才会把一堆衣服挤在一起。物以稀为贵,所以单件越高的产品,在店铺出现的款数就应该越少,而且要用较大的陈列空间。

4. 提前运筹帷幄

问题1:新开店铺和陈列相关的工作有哪些?

1)情景再现

某年4月30日,江苏某市新开一家两层楼的专卖店,30日晚上11点装修才结束,为赶在5月1日开业,必须连夜把做陈列做出来,5个陈列师加上督导店长店员工14人彻夜忙活,搞卫生、拆模特组装、货品出样、入仓、整烫、陈列等,工作有序进行。到了凌晨1点,发现了一个问题:衣架和裤架不够,差了一层楼的陈列量。督导想从商场店调点,结果两个商场都早已下班,而且仓库里也只有十几只,就算拿来也是不够用的。无奈之下,打电话把物流负责人叫醒,并让司机开车回公司所在地取几箱衣架和裤架回来,衣架送到时已经凌晨4点半,所以工作做完,正好早上9点,开门营业。走之前,督导对新店长和陈列师说:"你们回去休息吧,下次别搞出这种事情,提前把所有东西准备好。"问题出来了:新店陈列都要准备些什么呢?

2)问题诊断

显然,这个新开店的通宵加班是公司相关人员在配发衣裤架时,对数量估算错误造成的。新开店铺都要准备的要素包括以下四点。

(1)货品:货品部会根据工程设计的平面图上的杆数来配货。店长和陈列师,可提前向货品部要一份货品清单和店铺平面图,可以看到大概的款色数量,按每平方米2~3件计算,在这个范围内都算正常,同时也要考虑饰品的配比和数量。

（2）衣裤架：衣裤架的数量根据卖场陈列量来算。如 100 平方米的卖场，出样为 200~300 件，衣裤架比例可以是 3∶1，即衣架 150~225 只，裤架 50~75 只，为保证稳妥，可分别增加 250 只衣架，100 只裤架。

（3）模特：通过平面图，可看出需要模特的数量，及各种姿势模特数量的配比。

（4）道具：包括橱窗道具、相关饰品架、展示架等道具甚至包含叠衣板连身条等。除此之外，文具、清洁用品、电脑、打印机、电熨斗、购物袋等，这些东西虽说少点也不太影响开业，营业中也可以跟进，但也非常重要。

新店各种用品的配发，很可能不是一个人在做，这就需要和多人分别确定数量和到店时间，最好让这些物品提前 2~3 天到店，这样就算物流中途有延误也不会耽误时间。

问题 2：商场给的 DP 点需要怎么做？

1）情景再现

某年 9 月，某商场的楼层主管对一女装品牌的店长说："从 10 月 1 日开始，商场中间手扶梯旁边的 DP（Display）点给你们做，这几天出个效果图过来吧"。店长一下蒙住了："效果图？什么效果图？"楼层主管："你们公司知道的"。于是店长向公司的陈列师求组，陈列师告诉她需要拍照和量尺寸，于是店长照做，量了尺寸拍了照片给到陈列师那里。过了几天，陈列师发来一张效果图，店长拿给商场，商场方面很满意，店长就回到正常工作中去了，这件事就告了一段落了。转眼间，已到 9 月 30 日，商场过来催："你们的东西都到了吗？那个 DP 点，今天下班前要布置起来。"店长赶紧给陈列师打电话，陈列师告诉店长，道具和模特都已经在路上了，可就是没到店铺。又找到物流公司的电话，被告之路上出了一点小差错，东西要 10 月 1 日才到。楼层主管发火了："不是半个月前就告诉你了吗？怎么现在才发货啊？那个 DP 点还是免费给你们的，另几个牌子想要，想要都没给，你们竟然不珍惜。罚款 2000 元，在你们销售款里面扣，一会儿去我办公室签单子吧。"店长不知所措，只有把情况报告给了公司，公司的销售经理决定过来看一下。第二天下午，道具和模特总算到了，店长赶紧按效果图摆出来，出好模特，刚搞定，销售经理就来了，一看就骂了："这是我们的 DP 点吗？一个 LOGO 都没有，有什么用？谁知道是我们家的呀？"

2）问题诊断

这个案例中出现了两个问题：一个是时间，店长没有要求陈列部提前配发道具和模特，因物流的延误，导致晚了一天才到店；二是 LOGO，因陈列师在做 DP 点效果图的时候没把 LOGO 考虑进去，导致 DP 点成了商场的摆设，对品牌不起什么作用。顺利的流程可以这么做：

（1）接到楼层的通知后，第一时间拍该位置的照片（可能此时这个位置还是别的品牌的 DP 点展示），各个方向都拍到。量一下商场给的地面尺寸，还可以问一下商场，能否做天花板的吊挂。

（2）将照片、尺寸、开展时间、结束时间发给公司负责这一块工作的陈列师或陈列设计师，并问清效果图过来的时间，回复给商场。

（3）拿到效果图后，留意一下有没有品牌的 LOGO 出现，再给商场相关人员审核，通过之后，告诉公司陈列师。

（4）留一个星期左右时间做道具和模特的生产和配发，并将进度告诉商场相关人员。

（5）中途电话跟进，确保道具和模特提前1~2天能到店。

（6）DP点陈列完成，用图片反馈到陈列师那里。

（三）以顾客习惯来规划陈列的实例分析

1. 给货品分类，给店铺分区

问题1：怎么按销售情况给货杆分类？

1）情景再现

一位陈列师去店铺，为方便之后的区域规划，和店长打听一下每杆的销售情况如何，于是出现了下面的对话。陈列师："店长，请问上个星期哪几杆货卖得好一些呀？"店长："这一件可以的，卖了不少，那件也还可以，这几件一般，这件也一般……"陈列师："店长等一下，你先说别说哪款了，你就告诉我哪几杆货卖得最好吧！"店长："哪几杆货呀？……我们都是一件一件卖的呀。"陈列师："我当然知道你们是一件一件地卖，哪个顾客会一杆一杆地买呀？我是问，哪个货杆里卖出的件数多一些？"店长："哦，那杆货卖得好像多一些。"陈列师："还有呢？"店长："还有呀？一下子想不起来了。怎么办呢？"

2）问题诊断

几句话，就知道店长平时没对每杆货的销售情况有过了解，加之没有很直观的销售报表，每杆货的销售情况不是马上就能了解的。这种情况下，陈列师可以这样做：

（1）拿来一周的清销单据，并集中店长和所有店员。

（2）每报一个款号，就让店员们找出来，放在所在货杆的最前面，和后面的货品隔开一定距离。报到重复款号时，就在该款产品的衣架上加贴一条封袋口的胶带。

（3）报完一周的清销单据，所有卖过的款式都被找出来放在每杆货的最前面了，并且有些款式上面还贴着多条胶带。

（4）分别数一下每杆货卖过多少件，多一条胶带就多一件。最后10杆货统计的数字如下：6件、9件、2件、0件、21件、15件、8件、3件、16件、19件，店长觉得最好卖的那杆就是销售15件的那杆，并不是最好的。

（5）告诉店长和店员，我们可以这样分类：上周分别买了21件、15件、19件、16件的这4杆货，就可以算是店里的畅销系列。上周分别买了0件、2件、3件这3杆货就可以算是滞销系列。剩下9件、8件、6件那3杆就可以算是平销系列。这样分类对后面调陈列有用。

（6）再问店长和店员，畅销的这4杆货中哪几杆的库存充足一些，店长说这2杆里面很多款都断码了，剩下的2杆存货都不少，其中卖19件的那杆最多。

（7）店长又介绍了3杆平销系列和3杆滞销系列的库存情况，并大概说了一下滞销系列可能存在的滞销原因。

整个过程下来，店铺的销售情况和库存情况就全部了然于胸了。整个分类过程其实就是了解店铺的销售情况和库存情况，也就是产品效率和库存效率，如果说有报表，或者店铺平时留心了，就不用这么复杂了，一看报表或者一问店长就能知道情况。

一般情况下，店铺的畅销系列杆数占 20%~30%，滞销系列 20%~30%，平销系列则有 40%~50%。如果滞销货杆数占到 50% 以上，这就可能出现两种情况，要么是没客流，要么就是销售管理工作出现问题了。

问题 2：店铺的黄金区在哪里？

1）情景再现

江苏某一店铺，店长和副店长在调整陈列，而且出现了争执，于是他们找到公司的陈列师，想知道谁对谁错。店长说："我们在争执黄金区的问题，我说我们店的黄金区在这里，她非说黄金区在那里。" 副店长："上次陈列师来到时候跟我说的，说我们店的黄金区就是那里。"店长问："咱们店的黄金区到底在哪里呢？"陈列师反问："你们一定要搞清楚黄金区在哪里吗？"她俩说："是的，不搞清楚我们心里不踏实。"陈列师又问："那你们觉得黄金区有什么好呢？有什么用呢？"店长说："黄金嘛，出钱的地方。"副店长说："不对，上次陈列师说是吸引顾客的。" 陈列师说："这不结了嘛，你们俩所说的根本不是一个东西嘛。"店长问："那我们以后将什么地方叫黄金区呢？"

2）问题诊断

其实可以把黄金区分成主销区、吸引区和滞销区。下面对这三个词做一个解读，主销区是主力销售区，也是店长刚才所说的出销售额的地方，一般在试衣间附近。怎么判断一件店铺的主销区在哪里呢？就找顾客逗留最多的地方。比如说，100 个顾客进店，有 80 个甚至更多的顾客会停留的位置，80 个顾客停留，可能有 75 个会拨弄衣服，可能有 40 个会去试衣服，试完之后可能有 20 个会买单，这就是主销区。吸引区是吸引顾客进店的区域，一般位于门口顾客容易看到的位置。比如三个顾客从门口经过，突然说："这家店好像上新货了，那些货上星期没见过的，进去看看吧。"这就是吸引区，很容易看到并接近的地方。滞销区也就是店铺死角或是顾客动线末端的位置。100 个顾客进店，可能只有 20 个甚至更少的顾客会去那里停留，如果 20 个顾客过去，可能有 10 个顾客会拨弄衣服，可能有 5 个顾客会试衣，最终可能只有一个顾客会买单，这就是滞销区。

三种分区只是让你有个比较和参照，不同的店铺，你会发现不同的情况。比如说有些小店的吸引区同时也是主销区，有些店根本就没有滞销区；有些区域不是吸引区，不是滞销区，可也算不上主销区，比主销区差一些，比滞销区好一些。对于这些情况，不要分得太细，就像前面把 10 杆货分畅销、平销和滞销是一样的，不用纠结于一杆货到底算是畅销系列还是平销系列，知道哪些区域作为重点就好了。

2. 将合适的系列放在合适的位置

问题 1：新货该陈列在什么位置？

1）情景再现

秋末冬初，陈列师接到一位店长的电话。店长："最近门店业绩下降，但陈列是公司的督导过来调的，我想按自己的想法调，不知道自己的想法对不对。"

陈列师:"督导是怎么调的呢?"

店长:"我们店上一部分的冬装,公司的督导过来把冬装新货都陈列到秋装里面去了,冬装的色彩和秋装又不一样,每杆货看起来都乱乱的,老顾客来都问是不是打折的。"

陈列师:"那你打算怎么调?"

店长:"我想把新货单独陈列,与秋装完全区分开了,你觉得这样好不好?"

陈列师:"完全可以,这样做会比之前的方式好很多,你试一下。"

店长:"可是新货放一杆放不下,放两杆又不够,怎么办呢?"

陈列师:"冬装新货中的中间色是什么色?"

店长:"黑色。"

陈列师:"你从秋装中选一些略厚点的黑色衣服放大冬装中去,款式还是不够的话,可适当将冬装重复出样一点,让两杆货看起来都是新货。"

店长:"好的,那我知道了。"

三天后,陈列师再次接待店长的电话:"这几天的销售很好哦,销售额提升了很多呢,很多老顾客都买了冬装了。"

2)问题诊断

在秋末的时候,很多顾客的家里秋装其实已经很多了,很多是提前出来买冬装的,上一年的衣服不一定喜欢穿,等待天冷的时候也不一定有时间出来买,所以这类型的顾客属于超前消费的顾客。她们逛店会看一眼你店铺有没有新款,才决定要不要继续看款式。当她们看到一个店铺感觉没有新款,就会选择去别的店,可能连话都不说一句。顾客更愿意看到成片的新货,这样才有更多的选择。所以,在季节交替时,初上的新货陈列要这样做:

(1)新货陈列在前场,也就是前面所说的吸引区,让顾客在门口都能看到。

(2)新货也可以独立陈列在店内的一个区域,但需要橱窗出样,传递新货信息。新货区可以是店内的任何位置,但必须独立。

(3)保持新货的系列感,在货量不够的时候,可选择重复出样,也可将上一季厚度相近的产品放进来充数,但产品颜色只能是新货中有的色彩,不能有明显的色差。

很多时候,新货来到店铺,店长和陈列师是无法挑剔的,只能尽量把现有的货品陈列到最好。

问题2:畅销的几杆货要陈列在哪里?

1)情景再现

店长咨询陈列师:"我发现一个问题,根据你上次教我的,我觉得畅销系列应该是要放在主销区的,这样可以将畅销系列的销售件数最大化,但是我们店一共11杆货,畅销的三个系列上周销售量是一样的,都是20件,它们分别是红色系列、绿色系列和蓝色系列,这三个系列颜色都很亮,我把它们一起放在主销区后,发现很难看,怎么办呢?"

陈列师问:"如果你有三件漂亮的连衣裙,分别是红色、绿色和蓝色,你都想穿给你男朋友看,那你会不会全部穿着身上呢？"

店长："那肯定不会了，穿在一起多难看呀，再说了，还热。"

陈列师打断她说："停，那三杆货？知道怎么做了吗？"

店长："啊，我知道了，今天红色，明天蓝色……"

陈列师说："你说的还是穿连衣裙，连衣裙可以每天一换，但店铺陈列不一样，不用每天换一次。你选一个库存量最大的系列，先出一周，下周在根据就销售数据和库存数据考虑更换吧。"

店长："好的，我懂了，谢谢你。"

2）问题诊断

店长可以按照以下方式操作：

（1）把库存量最大的蓝色系列出在了主销区，旁边跟着藏蓝系列。

（2）把红色系列出在门口位置，即通常陈列新货的位置。

（3）把绿色陈列在一个普通区域，但旁边用了一组三个模特的出样。

一周过后，蓝色系列销售三十多件，部分款式出现断码现象。店长将蓝色系列换成红色系列放到主销区，如此循环……

不能将所有的畅销系列都陈列在一起。畅销系列陈列在主销区是必需的，但有几点要注意：

（1）一个主销区尽量只陈列一个畅销系列，可优先考虑最想卖的那个畅销系列，也就是库存量最多的畅销系列，让畅销产品销售最大化。这里说的一个系列不一定是设计部定的系列，也可能是店长或陈列师后期整合的系列。

（2）畅销系列旁边的空杆可陈列与之同色系的平销系列甚至是滞销系列，当然也可陈列中间色系列，如黑色系列或米咖系列等。

（3）过段时间后，畅销系列的库存量会少很多，可以换上别的库存量大的畅销系列。

3. 把握货杆之间的合理衔接

问题1：不同色系的货杆之间如何连接？

1）情景再现

某日，陈列师在店铺做陈列，他把一个畅销系列的色系陈列在主销区，而将刚上的新系列陈列在吸引区。完成这两个重点区域的规划后，就要将其他色系的系列陈列在剩下的位置了，陈列师想试试彩虹式陈列。他在吸引区放的红色系，主销区放的黄色，吸引区和主销区之间有两个货杆，按照彩虹式，红橙黄绿青蓝紫的色相环，放在这红黄中间的两杆，可是橙色系列断码很厉害，而且里面的橙色也没几款了，那两杆的位置虽然比主销区差一点，但也是很不错的位置，所以陈列师不想把放在那里，新问题出现了……

2）问题诊断

很多陈列师学到了各种各样的陈列技法，在没经过实践的情况下，把方法用在错误的地方了。所以陈列师正确地做法是：

（1）维持原来的红色系列在门口吸引区，库存最大的畅销系列黄色系列陈列在主销区。

（2）两者之间的两杆用黑白色系列过渡。

（3）其他区域分别陈列橙色系列、绿色系列、蓝色系列、黑白系列等。

这仅仅是将各色系列的两杆货集中陈列而已，让重要的系列出现在合适的区域，并考虑各区的重担，不让其他系列影响整体效果。如果一定要给这种方法取个名字，可以叫"色系集中式"。

3）陈列细节知识点

货杆与货杆之间的连接方式，完全取决于产品，什么样的产品决定采用怎样的方式。一般来说，货杆之间的连接方式有三种：彩虹式、跳跃式和色系集中式。

（1）彩虹式：当布置大型特卖会场的时候，这时往往过去三年和五年的产品都有，由于每年流行色不同，色彩之间会有色差出现，比如2005年的流行绿和2007年流行绿就可能不是一种绿，会有深浅和暗亮的分别。那么这个时候最好的办法就是彩虹式，选起来方便，归类也方便。

（2）跳跃式：当某些店铺的彩色货品很少，其余系列均为黑白灰系列、米咖系列等中间色系列，这时就需要用到跳跃式。彩色系列/中间色系列/彩色系列/中间色系列……有些情况用局部跳跃式，如橘色一杆/黑白一杆/绿色一杆/黑色一杆，黑白等中间色系列起过渡作用。

（3）色系集中式：当店铺彩色货品很多的情况下，使用色系集中式，也就是前面陈列师操作的那种形式。每个色系一个区域，当某一色系区域较大时，为防止审美疲劳，可一分为二或一分为三，实在太大时，要考虑是否需要压缩这个色彩的陈列面积。

很多时候，无论是彩虹式、跳跃式还是色系集中式，往往都不会完全独立使用在一个店铺，很多时候是两种甚至三种方法同时使用。如特卖时，彩色系列用了彩虹式，而黑白系列没有多种不同的黑、多种不同的白，也就没法用彩虹式，只能用跳跃式了。所以，不管用什么样的方法，最重要的是知道要陈列的是什么样的货品，怎么做最合适就行了。

问题2：店铺内的死角怎么做陈列？

1）情景再现

某店铺入口左半场有陷进去的一个区，整间店铺呈"凸"字形。虽然陷进去的区域也陈列了三杆货，但进入这个小区域的顾客很少，这里就成了死角，也就是我们前面所说的滞销区。对店长来说，去那个地方的顾客很少，自然也不会把好的货品陈列在那里，一般陈列一些过季的、杂乱的产品，而这样就像是在品牌店里放了一个批发店，店长自觉不妥，问陈列师怎么陈列会好一些。陈列师仔细观察和沟通了解后，得到的信息如下：

（1）此店每月销售额不到20万元，在该品牌中算是低效店铺，货品中一半是当季产品正价销售，另一半是往年过季货品，其中往年货品的销售件数占到60%~65%。

（2）由于往年货品销售占到2/3，店长将店铺的前场和橱窗都以往年货品为主，很容易让消费者误以为是一家折扣店。

（3）当季新货大多出在里面，加之不打折，新品的连带率很低。有了这些信息，这个死角应该如何陈列呢？

2）问题诊断

显然这个死角是店铺设计不合理所留下的硬伤，店铺设计与装修一旦完成，哪怕发现有不合理的地方，也不太可能重新装修一次，只有在这个基础上尽量做好，于是我们可以这样做：

（1）将今年和往年的货品完全分开，今年新货陈列在右半场，往年货品陈列在左半场，也就是有死角的那半场。

（2）死角区到橱窗背后的区域，也就是顾客的动线末端部分，全部陈列5折产品，并把死角区域里的颜色做得很出彩，同时将5折的指示牌放到这个死角面前，其他区域不放。

（3）死角后半场到试衣间部分陈列的都是往年7折产品。

（4）橱窗出样用今年的当季新品。

（5）右半场前场陈列比较艳丽的新品，后半场离试衣间近，陈列新品畅销系列。

（6）两边的两组模特分别出样正品畅销系列和7折畅销系列。

（7）最后做各区点侧挂陈列以及饰品陈列等收尾工作。

两周以后，陈列师向店长了解销售情况，得知有了下面的变化：

（1）将5折货品陈列在橱窗背后和死角位置后，销售件数并没有下降，反而比之略有上升。

（2）正价货的销售件数比以前上升了1/4，也是小幅上升。

（3）店里7折货品销售数量上升了60%，用店长的话说，很多顾客是看到新货进来的，最后发现和新货差不多的款式竟然7折，这让7折货品卖得很好。

整体来看，不管是正价、7折还是5折产品，销售件数均有上升，这就是我们想要的结果。死角并不是整个店铺的累赘，你让它独自展示时，它会显得那么的格格不入，但如果你把它和旁边的区域当做一个整体时，它就不再是独立的死角了。

4. 入口处的合理规划

问题1：店内人为的死角怎么调整？

1）情景再现

某年7月某陈列师去江苏苏北的一个三线城市巡店，看到这样一个现象：一个女装品牌店处在商场拐角处，入口就成了90度角，靠右边那条边的入口要小一些，右边的墙面货架上有两个货杆，货杆前面平放了一个长1.8米的玻璃柜，两者的通道相距0.8米。而就是这0.8米的通道入口，还放了一盆绿植，高度在2.4米左右，绿植的底盆直径在0.7米左右，活生生把这条小小的通道给堵死了，于是原本两条边的入口就变成了一条边了。和店长了解情况的时候，店长问该陈列师一个问题："右边这两杆货不知道怎么回事，放什么都不卖，畅销款放那儿也不卖，真是奇怪，这是怎么回事呀？"店长说的正是0.8米通道边的两杆货。

2）问题诊断

那个绿植和玻璃柜挡住了主通道入口，只能让顾客改道而行，去看那两杆货的顾客少之又少，自然是放什么都不卖了。分析其原因有两个：

（1）大概八成左右中国人逛店的行走路线是逆时针的，也就是从店铺的右边进入，左边出门，这也是很多店铺设计师把橱窗做在左边，入口留在右边的一个重要原因。八成左右的人走右边，当右边被挡时，原本打算走大圈（从右往左墙面走）的顾客，就被人为地挡道走小圈（从右边的中间往左边的墙面走），这样看得到的货杆就要少很多，顾客在店内停留的时间也就相对减少。

（2）就算没有绿植，0.8米的通道仍然太窄了，不利于顾客进入。前面讲到的分区时候说过，100顾客进店只有10个或者更少的人过去停留的区域就是滞销区，也就是死角。那么该店铺这个地方就是人为的死角。

既然是人为的死角，我们可以这么做进行调整，首先撤掉了像大树一样的绿植，然后把玻璃柜往外移动了一个身位，0.8米的主通道变成了1.3米左右。最后将左边的模特、流水台和中岛的组合往右移动了0.5米左右，压缩了这个原本进人最多的通道，让顾客尽量从右边走。

人为死角很多时候是出现在加盟的店铺里，因老板的个人喜好而造成的。这是完全可以改变，从全店的角度去规划，往往可以把死角变成很重要的位置。很多时候，不是区域不好，不是人不行，而是人为设置了障碍。

问题2：靠墙面的通道留多宽？

1）情景再现

某店的右半场到右墙依次是"高架—展柜—模特"的组合，三者之间有两条通道，一条是高架与展柜之间的通道，另一条是展柜与模特之间的通道。店长对这两条通道的宽度处理感到为难，一开始店长将展柜放在模特与高架的正中间，这样两条通道一样宽，当有顾客在高架旁看衣服时，后面的顾客就进不去了。于是店长又将展柜往模特那边移了移，高架这边就宽了不少，两个顾客也能手挽手地走过去了。可公司的一位领导见了这种情况后说："模特很重要，模特这边的通道太窄了，要往右移一点。"店长问："通道怎样留才合适？"

2）问题诊断

这里出现的是次通道和主通道抢道的问题。因为绝大部分的货品在高架上，我们当然希望更多的顾客去看高架上的衣服，所以高架旁的通道是主通道，而模特与展柜之间的通道是次通道。主通道比次通道要宽一半的样子，并让店长记得坚持，再有领导有异议时，就告诉他为什么要这样做。

3）陈列细节知识点

通道宽度需要根据人的占地面积来确定。中国的成年女性肩宽大多在40~50厘米，成年男性肩宽大多在45~55厘米，那么在计算时，我们取最大的55厘米，来分别计算一下主通道和次通道所需的宽度。

（1）主通道：主通道是多数顾客经过的地方，不仅顾客会在这个通道里走动，还会停留在这里仔细看一些衣服。因此，主通道至少保证一个顾客停留时，另一个顾客能通过。看衣服时停留的顾客肯定不会贴到高架上，离高架一般会保持20~30厘米的距离，加上人体30厘米左右的厚宽，就和一个人的宽度差不多,我们也按55厘米算,一人停留,另一个正身通过,两者加起来就有110厘米。让两人之间一定还会留一点空间,再加上10厘米,那么主通道的距离差不多是120厘米。很多人所说的主通道留120~150厘米也是合理的。

（2）次通道：次通道不用为两个人考虑,哪怕有顾客挡住了次通道也没关系,我们也更愿意让顾客往主通道走,那么次通道只需要让一个身材较胖的人能够正身通过即可。在55厘米的基础上再留15厘米左右的空间,那么次通道就在70厘米左右,当店铺较大,主通道也较宽的时候,次通道可相对放宽到90厘米,甚至100厘米左右,可记为70~100厘米。店铺的一切,都是为顾客而设计的,不管是通道大小、还是货架高低、椅子高低、沙发大小、收银台位置等都是为方便顾客而设计的,顾客的感受是检验其合理性的最好方法。

（四）以产品生命周期来调整配置规划的实例分析

1. 合理安排调整周期

问题：陈列多久调整一次？

1）情景再现

某日,一店长接到公司陈列部的电话,要求马上上传本周的陈列照片,可店铺的陈列还没有调整过,手头上还有些更重要的事情要做,陈列部一催,店长也急了,放下电话开始抱怨起来,并吩咐店员调整陈列。于是店员开始收拾中岛,拍照,然后把中岛和几件杂色的衣服陈列出来,再给公司传照片,边传边说："公司要这些照片有什么用啊,用得着一个星期调一次陈列么？"

2）问题诊断

每款服装产品的生命周期在10周左右,陈列在店铺不同的地方,被顾客看到的概率是不一样的,所以陈列要经常调动,以增加被顾客看到的频率。陈列调整的频率一般根据上新货的周期,以三周上一次新货为例,具体的做法如下：

（1）每次上新货一定要大调,包括货品整合、区域规划、点侧挂陈列、橱窗与模特陈列、饰品与叠装陈列等。

（2）没上新货时,两周一大调。内容和上新货时一样,因为销售过两周后,原本畅销的货杆,可能会有很多款卖断码,也有一些系列就算放在好位置也不怎么有好的销售,而且模特出样久了没有新鲜感,一定要做大调,毕竟产品的生命周期只有10周,一定要把好位置留给好卖的产品。

（3）没有上新货时,一周一小调。小调包括点侧挂陈列和模特出样。

以上所说的调整时间不是固定的,要灵活掌握,主要是要明确调整的目的。

2. 用销售数据规划陈列

问题：夏秋两季销售一段时间以后,陈列杆数怎么协调？

1）情景再现

某品牌店铺在7月份上了第一波秋装新款,共20多款颜色,店长将这20多款按色系独立陈列在前场,共出样两杆,并在橱窗里出了模特。秋装销售的很好,于是两星期以后又上了第二波秋装,销售也比较平稳,但是该店的秋装销售没有其他城市的店铺好,公司催着要抓紧秋装新品的销售,但是始终没有好的效果,这到底是怎么回事?

2)问题诊断

该店的销售数据如下,夏装销售59件,秋装销售61件,件数上几乎持平。再看店铺陈列面积,夏装9杆,秋装4杆,问题就出在这里,夏装的陈列面积占70%,销售占50%,而秋装陈列面积占30%,销售也占50%。由此可以看出,夏装的陈列面积过大,要想提高秋装的销售,就要提升秋装的陈列面积。具体操作如下:

(1)将秋装扩大到6杆,夏装7杆,先提升秋装的陈列面积,挑出一部分不好销售的夏装下架,部分偏厚一点的夏装中间色货品整合到秋装中去。

(2)秋装中的花纹、彩色产品部分重复出样,让整个店铺的秋装气势变得强大,橱窗中出样秋装有代表性的花色。

(3)店内的模特组中,4个模特组合用来陈列秋装,2个模特组合用来陈列夏装。

调整一周后,进行数据统计,夏装销售57件,秋装销售103件,由此可见,夏装销售与上周几乎持平,而秋装销售数据明显上升。产品的销售效率是调整整个陈列布局的一个重要依据,强化秋装陈列面积作为销售重点,营造秋装的销售氛围,同时弱化夏装的陈列面积,保留可销售的夏季货品,在夏季销售不降的情况下,让秋装销售件数得到提升。

3. 陈列的季节调整

问题:天气转热但是货品偏厚怎么办?

1)情景再现

春季末,某店内夏季第一波的货品还未上货,而外面的天气已经热起来,街上已经有很多人穿短袖。由于没有夏装,店内的销售几乎处于停滞状态。商场已有两个竞争品牌上了新货,店长心急如焚,天天打电话向公司催货。而店员认为没有新货,销售不好也是正常,只能等着上新货。在漫漫地等待中,人也懒散了,对着顾客有气无力地招呼着,毫无激情。那么难道店铺只能等着上了新货,别无他法了么?

2)问题诊断

根据以上所述情况可以做以下调整:

(1)将所有羽绒服、大衣、羊毛衫等产品全部撤下货架。

(2)撤掉这些货之后,全店货品就剩下不到2/3了,货杆空了许多,可以用春款中的短袖、中袖等进行重复出样,出到每杆货满为止,并分好色系。

(3)定好色系后,挑出春季中最像夏季产品的货品给橱窗搭配出样,并将往年的丝巾翻出来出样。

天气变化太快,谁也无法预料,店长要根据季节变化做出适当的陈列调整,才能做出季节感。

任务三　卖场视觉营销的陈列运用

任务描述

视觉营销在服装卖场陈列中的应用受到越来越多的重视，能够合理运用视觉营销布置卖场，并及时对视觉展示、重点展示陈列、单品陈列做相应的调整，从而打造便于消费者购买的有吸引力的卖场。

知识准备

一、VMD概述

1. VMD 含义

VMD 即"视觉营销"或者"商品视觉陈列"，其以商品为中心，通过陈列视觉化来打造便于顾客购买的方式，从而促进销售。Visual Merchandising 缩写为 VMD，V（Visual）视觉管理，MD（Merchandising）商品企划。

2. VMD 的目的与作用

VMD 的目的就是打造便于顾客购买（容易看，容易选，容易买）的卖场，让商品与销售产生直接连动。VMD 的作用包括销售商品、刺激顾客购买欲、生活情报的展现、提高商品周转率、提升货品形象、提升公司形象。

3. VMD 三大要素（图 2-10）

（1）VP（Visual Presentation）视觉展示，也称为店铺主题情景展示。

（2）PP（（Point of sales Presentation）重点展示陈列，也称"磁石点"。

（3）IP（Item Presentation）单品陈列。

三大要素的功能与作用，如表 2-2 所示。

▲ 图2-10　VMD的三大要素

表2-2　VMD三要素在卖场中的目的、功能、作用和位置

VMD	VP	PP（磁石点）	IP
1. 目的	吸引顾客	留住顾客	方便顾客
2. 功能	展示	展示并诱导顾客购买	销售
3. 作用	向顾客展示当季的主推商品和流行提案服饰	介绍IP当中比较重要的商品，是IP代表产品的重点搭配出样	为顾客挑选方便而分类整理
4. 位置	橱窗、展示台等主视觉位置	中岛、模特、正挂等出样形式	货架及展板

二、VP橱窗制作的表现手法

（一）橱窗的主题设定元素

橱窗的主题主要包括对象顾客、展示商品、展示时期、展示理由和主题、展示商品量和展示方法这几部分组成，具体如表2-3所示。

主题橱窗案例展示见图2-11~图2-21。

表2-3 橱窗的主题设定元素

序号	内容	说明
1	对象顾客	顾客群比较宽泛,每次橱窗设计都应进一步明确"针对的主要顾客群",分析其年龄、生活方式、兴趣、嗜好、购买动机、购买因素
2	展示商品	挑选与主题一致的商品和要强调的商品
3	展示时期	季节、全年节假日、促销活动、季节性节假日活动、区域性节假日活动等也考虑在内,并决定适当的时期
4	展示理由 展示主题	强调为何现在要展开这个主题、主题的视觉化POP等包含在内
5	展示商品量	依照商品的去向、等级、形象分类,准备和展示空间所相称的商品数量
6	展示方法	强调商品特性和商品的附加价值,选择与主题相称的台架器具、演出用小道具,灯光、色彩要统一

▲ 图2-11 简洁的橱窗突出品牌个性

▲ 图2-12 以旅行为主题的橱窗陈列

▲ 图2-13 半透明的橱窗,突出主题,有层次感

▲ 图2-14 突出衬衫主题的橱窗

▲ 图2-15 突出产品面料，简洁明了

▲ 图2-16 圣诞节主题橱窗，突出节日气氛

▲ 图2-17 红色背景，圣诞节主题橱窗

▲ 图2-18 比较喜庆的橱窗陈列

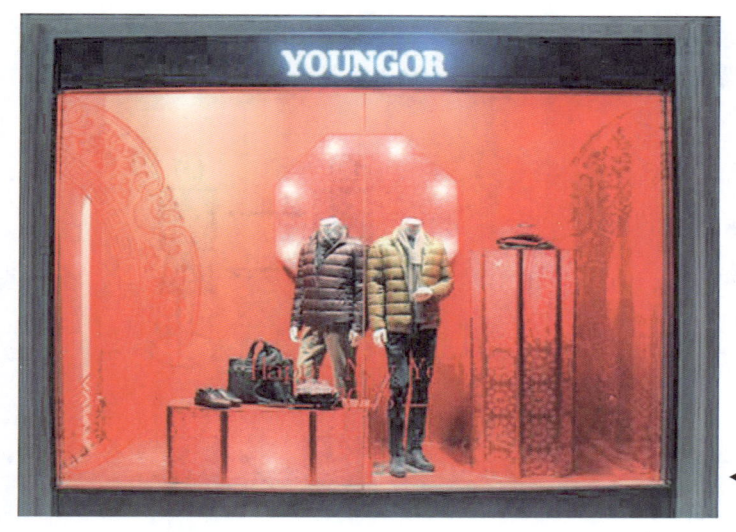

项目二·服装商品的有效配置规划 | 59

◀ 图2-19 新年主题陈列，适应节日的氛围

◀ 图2-20 搭配饰品的橱窗陈列，丰富整体橱窗

◀ 图2-21 节日气息浓厚的橱窗陈列

（二）橱窗的人模色彩技巧

1. 两个人模色彩搭配互动模型（图2-22）

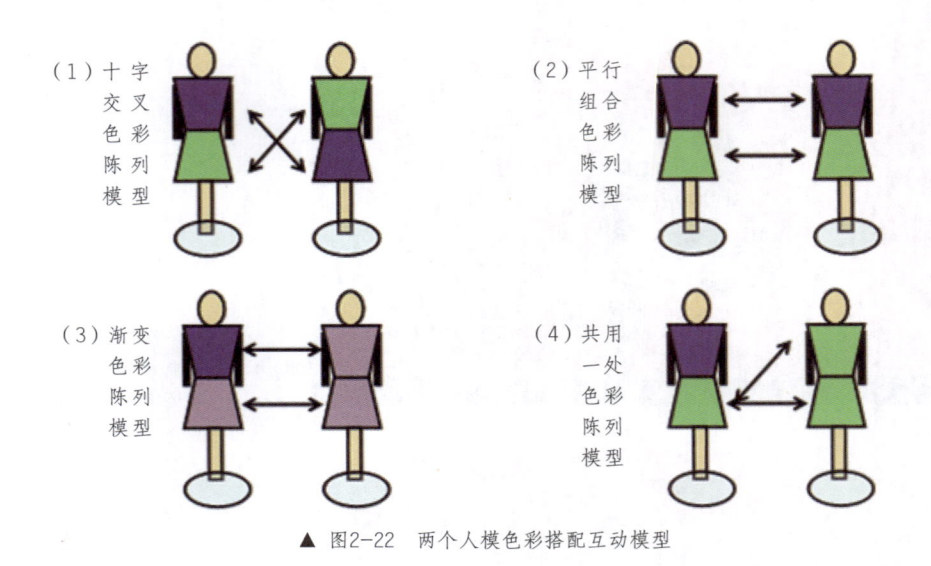

（1）十字交叉色彩陈列模型

（2）平行组合色彩陈列模型

（3）渐变色彩陈列模型

（4）共用一处色彩陈列模型

▲ 图2-22　两个人模色彩搭配互动模型

两个人模色彩搭配互动案例展示见图2-23~图2-28。

▲ 图2-23　十字交叉型

▲ 图2-24 渐变色彩型

▲ 图2-25 渐变色彩型

▲ 图2-26 十字交叉型

▲ 图2-27 平行组合型

▲ 图2-28 十字交叉型

2. 三个人模色彩搭配互动模型（图2-29）

（1）上身色彩相同陈列模型

（2）上下身均衡式陈列模型

（3）左右对称均衡陈列模型1

（4）左右对称均衡陈列模型2

（5）下身色彩均衡陈列模型

（6）上身色彩渐变陈列模型

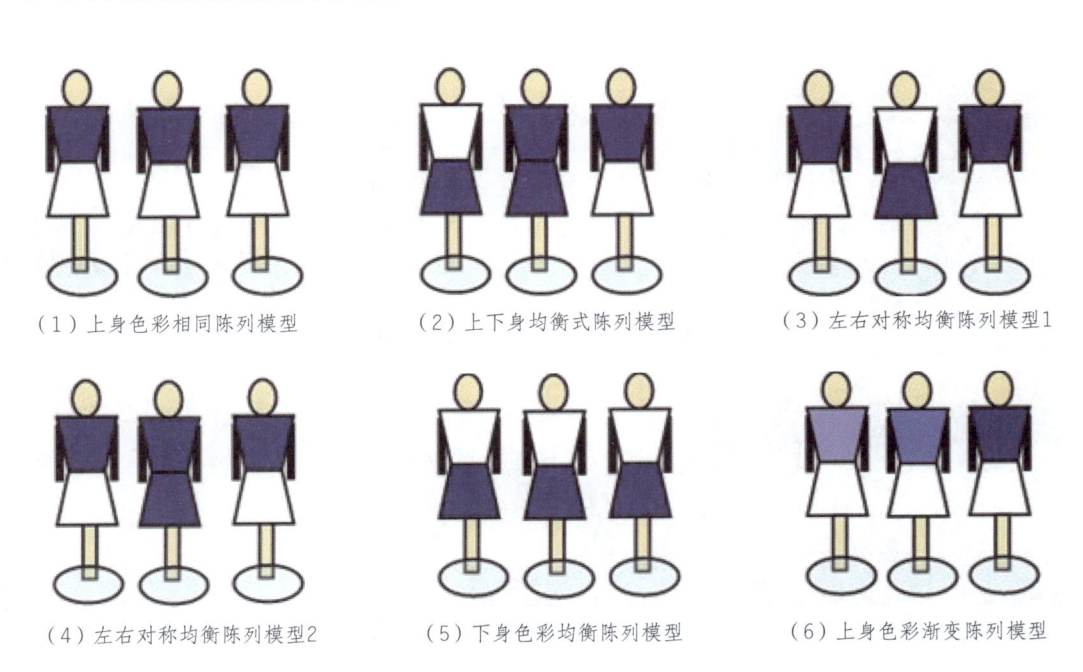

▲ 图 2-29 三个人模色彩搭配互动模型

三个人模色彩搭配互动案例展示见图 2-30~ 图 2-32。

▲ 图2-30　左右对称均衡陈列

左右对称均衡陈列模型

▲ 图2-31　上下身色彩渐变陈列

上下身色彩渐变陈列模型

项目二·服装商品的有效配置规划 65

上下身色彩渐变陈列模型

▲ 图2-32 上下身色彩渐变陈列

(三)橱窗模特站位技巧

1. 人模组合变化主要形式

1)水平位置变化(图 2-33)

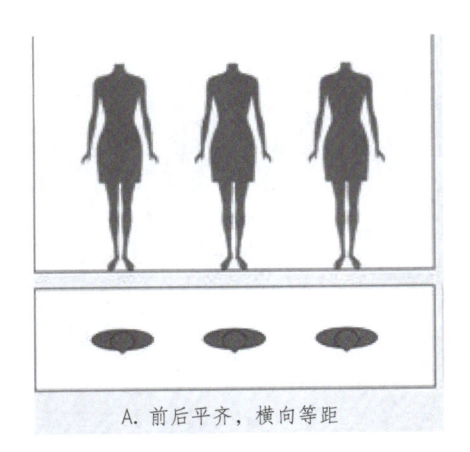

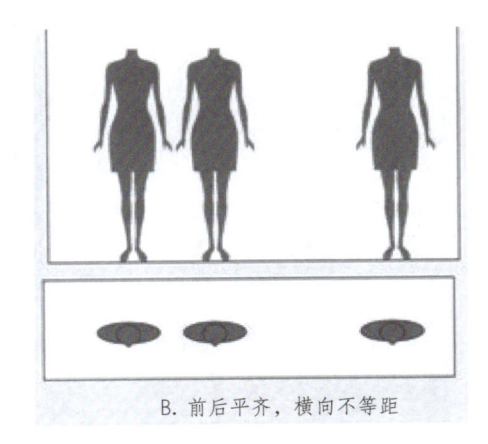

A. 前后平齐,横向等距

B. 前后平齐,横向不等距

▲ 图2-33 水平位置变化

2）前后位置变化（图2-34）

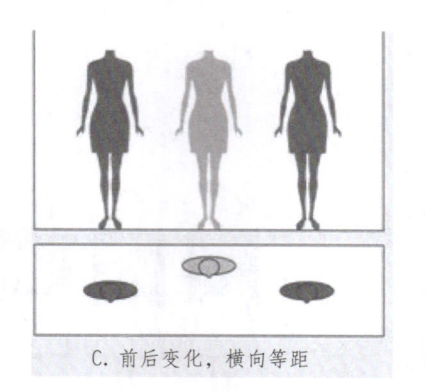

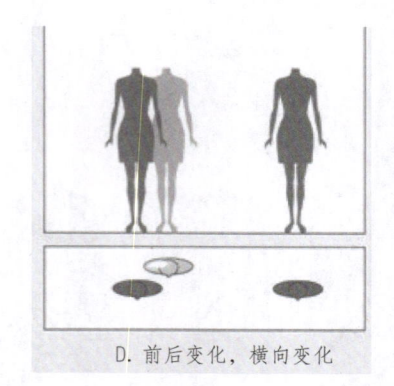

C. 前后变化，横向等距　　　　D. 前后变化，横向变化

▲ 图2-34　前后位置变化

3）身体朝向变化（图2-35）

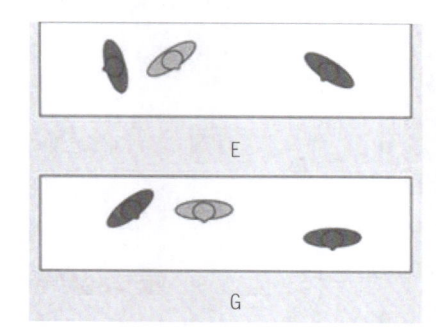

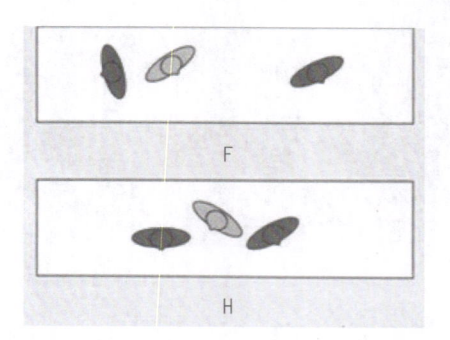

E　　　　　　　　　　F

G　　　　　　　　　　H

▲ 图2-35　身体朝向变化

橱窗模特站位案例展示见图2-36。

▲ 图2-36　模特站位案例展示

2. 人模站位技巧

1）两个人模的陈列模型（图2-37）

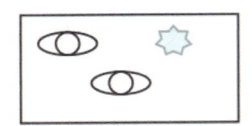

模型1：人模在装饰物的左边 　　模型2：人模在装饰物的右边

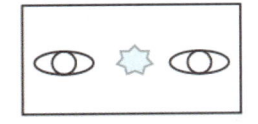

模型3：人模以装饰物为对称中心

▲ 图2-37　两个人模的陈列模型

两个人模的案例展示见图2-38~图2-39。

▲ 图2-38　两个人模案例展示

▲ 图2-39　两个人模案例展示

2）三个人模的陈列模型（图2-40）

模型1　　　　　模型2　　　　　模型3

▲ 图2-40　三个人模的陈列模型

三个人模的展示多以道具进行分割，呈现非左右对称、中间聚焦、一字排开、前后斜排等组合形式。三个人模的案例展示见图2-41。

▲ 图2-41　三个人模案例展示

（四）不同橱窗数量规划

一店一橱：当下最重点的商品为陈列原则。

一店二橱：区分正装和休闲橱窗。

一店多橱：细分主题，避免雷同，强调整体。

一店多橱的案例展示见图2-42~图2-43。

▲ 图2-42　一店多橱案例展示　　　　▲ 图2-43　一店多橱案例展示

(五)橱窗灯光照明要领

为了吸引顾客对商品的注意力,增加商品的诉求力,橱窗的灯光照明需考虑下列因素:

(1)要有充分的照明:如何在极短的时间里引起人的注意,照明是最直接的一种。由光吸引视线到陈列的商品,从而达到视觉传达的效果。

(2)要有重点的照明:重点照明的作用是创造视觉的重点,构成展示的"亮点"。在陈列商品中,对重点商品采用集中或聚光等照明加以强调,突出商品的立体感和质感,消除全盘照明的单调感。

(3)灯光位置:灯光要照射到主体模特、展示道具及重点商品上。

VP灯光的案例展示见图2-44。

▲ 图2-44 灯光照射模特和道具的主题

三、有效规划卖场内部(销售区)陈列

(1)想让顾客尽可能地在卖场内多停留,卖场内必须要有看点即磁石点,见图2-45。

(2)一般每面墙都有一个磁石点(PP)。中间大的PP点,要根据每个店铺的大小和实际情况而定,见图2-46。

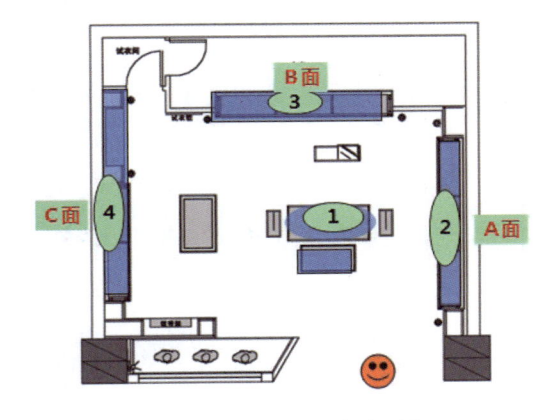

▲ 图2-45 磁石点的设置　　　　▲ 图2-46 磁石点的设置

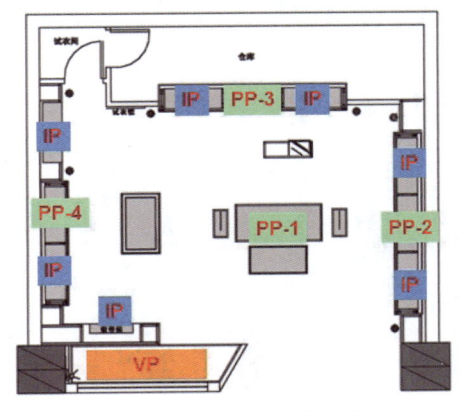

▲ 图2-47 模特衬衫的穿着方式是一种表现手法，三角形构图的目的是要让顾客的眼光聚焦到我们想要销售表达的商品上

▲ 图2-48 对比色搭配

▲ 图2-49 类似色搭配

▲ 图2-50 中间色搭配

（3）PP点摆放，三角构图造型（图2-47）。

四、IP运用中的陈列规律

（一）IP定义

IP是指对基本的商品（单品）陈列方式，进行有集中、有规律、有条理地展开。IP一般特指卖场侧挂、叠放、正面摆放的陈列。IP是为顾客挑选方便而进行的商品分类整理陈列。

把VMD在卖场里展开的时候，VP、PP、IP三者中，IP是最容易被忽略看轻的一部分，但恰恰IP是卖场最重要的部分。

（二）IP运用的陈列规律

1. 色彩

1）陈列色彩基本搭配方式

（1）对比色搭配（图2-48）。

（2）类似色搭配（图2-49）。

（3）中性色搭配（图2-50）。

2）陈列色彩基本排列方式

（1）渐变法：从浅到深、从暖到冷（图2-51）。

（2）间隔法：色彩间隔、产品间隔（图2-52）。

（3）彩虹法：按色环原理排列（图2-53）。

2. 品类

可以按照风格、大类、系列、款式来分别陈列。

3. 面料

可以按照成分、工艺、花型等陈列。

4. 搭配组合

可以按照长短、内外、大小、色系等组合来搭配。

搭配组合案例展示见图2-54～图2-58。

项目二·服装商品的有效配置规划

挂装的渐变搭配方式

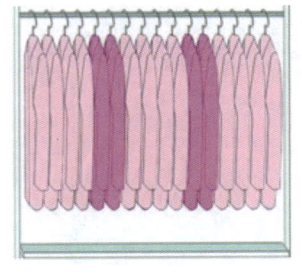

挂装的间隔搭配方式

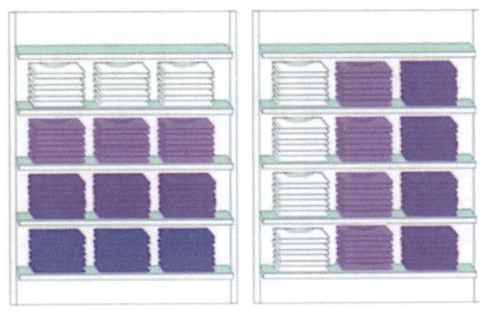

叠装的色彩渐变搭配方式

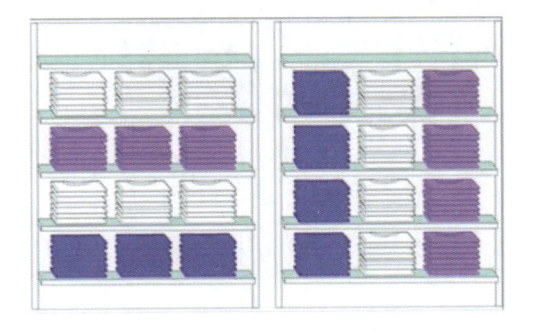

叠装的色彩间隔搭配方式

▲ 图2-51 渐变法

▲ 图2-52 间隔法

挂装的彩虹搭配方式

▲ 图2-53 彩虹法

▲ 图2-54 按照系列陈列

按色系排列
（使用间隔色）
（1）用深色调作为间隔色。
（2）以纵向分色系，分为蓝色、粉色、紫色；以及黑色为间隔色。

▲ 图2-55 按色系陈列

项目二·服装商品的有效配置规划

▲ 图2-56　陈列柜组合展示

▲ 图2-57　按色彩渐变陈列

▲ 图2-58 按色系长短陈列

五、VP，IP，PP三者联系的案例展示

具体案例展示见图2-59~图2-62。

▲ 图2-59 PP，VP，IP三者遥相呼应

项目二·服装商品的有效配置规划 75

▲ 图2-60 店内的PP陈列与VP陈列对应

▲ 图2-61 VP与PP，IP三者互动演绎

▲ 图2-62 PP与IP的互动联系

中岛展示台陈列案例见图2-63~图2-68。

(1) 展示主题诉求：以绒格布衬衫为主，辅搭毛衫背心进行陈列推广。
(2) 突出PP点的搭配造型，同时与龙门架上的绒格布衬衫和展示台面IP点进行关联。

▲ 图2-63 中岛展示台陈列

(1) 此展示台展示的主题是"新风格衬衫新品上市推广"。
(2) 突出PP点，与旁边IP点进行关联。
(3) 结合各类POP介绍牌进行宣传推广。
(4) 颜色上尽量展示丰富为实现，突出新风格衬衫的特点。

▲ 图2-64 中岛展示台陈列

项目二·服装商品的有效配置规划

(1) 展示主题是"商务衬衫主题推广"。
(2) 突出PP点造型,与旁边IP点进行关联。
(3) 结合商务毛衫、领带等进行搭配陈列。
(4) 色彩上以红色为主色调,蓝、紫色为辅。

▲ 图2-65　中岛展示台陈列

(1) 展示主题诉求:以体现休闲产品(夹克为主)系列的丰富性而进行陈列表现。
(2) 突出PP点造型,与旁边IP点进行关联,搭配(着装)方面尽量套穿搭配,以体现系列(场景)搭配的完整性。
(3) 构图上要追求三角平稳构图,摆放要前后错落、错位,相互重叠,以保证多角度视线。

▲ 图2-66　中岛展示台陈列

（1）展示主题是"圣诞主题"。
（2）突出PP点造型，与旁边IP点进行关联，搭配（着装）方面尽量挑选喜庆、亮丽的服饰，以体现节目气氛。
（3）要结合各类服饰配件（如：围巾、手套等）和圣诞装饰品进行组合搭配陈列。

▲ 图2-67 中岛展示台陈列

（1）展示主题是"圣诞主题"。
（2）突出PP点造型，与旁边IP点进行关联，模特摆放位置要错落有致，搭配（着装）方面尽量要多件套穿搭配，以体现系列（场量）搭配的完整性。
（3）整体三角形构图，给人以稳定、紧凑、统一、集中的感觉，摆放要前后错落、错位，相互重叠，以保证多角度视线。

▲ 图2-68 中岛展示台陈列

实训操作

【实训名称】对某品牌卖场的问题陈列进行调整演练

【实训目标】根据陈列管理相关知识内容的学习,能够结合企业实际情况,帮助企业调整有问题的阵列,并进行对比说明。

【实训组织】以6~8名同学为一个操作小组,确定小组成员不同分工内容,完成该项工作任务。

【实训考核】小组代表上台演示汇报,其他各小组分组打分。同时结合教师打分,选出班级优秀作业推选企业,由企业专家指导点评。

项目三　橱窗展示的设计策划

知识目标：了解人模组合的变化特点
　　　　　了解陈列展示道具（展具）设计的原则
　　　　　掌握橱窗展示的设计要点
　　　　　掌握不同展具材料的工艺表现及应用
能力目标：能结合不同需求设计主题性橱窗
　　　　　能结合材料特性有效应用到橱窗陈列设计
项目分解：任务一　橱窗展示设计与陈列实施
　　　　　任务二　橱窗展示相应的系列道具设计

任务一　橱窗展示设计与陈列实施

任务描述

橱窗是"无声的推销员"，它是直接面对顾客传递信息的窗口，顾客往往凭着对橱窗陈列的印象而决定是否进入店内。设计制作精美的橱窗应该是品牌的形象窗口，是整个卖场陈列的浓缩体。通过此项目学习能进行常规的橱窗设计和主体性橱窗设计，并制作橱窗设计简图。

知识准备

一、橱窗的分类和作用

（一）橱窗的分类

1. 从位置分布划分

包括店头橱窗、店内橱窗（模特台）、店外橱窗。

店头橱窗一般设计在店面门口的一边或者两边，构成和店头结合的组合式宣传手段，是店头店名的配合烘托。现代陈列中常用主题场景和不同风格的道具装饰，构成服饰品牌的风格特征。

店内橱窗和店外橱窗是现代橱窗陈列向多元化位置革新的表现,让橱窗陈列的方向和角度向广度扩展。其他在空间上进行了有效的延伸,不再拘泥于原有的传统店头橱窗陈列一个方式,是店头橱窗陈列的一个有力补充。

2. 从装修形式划分

包括封闭式橱窗、半封闭式橱窗、通透式橱窗。

1)封闭式橱窗

封闭式指橱窗背景用隔板与店堂隔开,在商店外部不能看见店堂内部,从而形成一个独立的空间。许多国际大牌都采用这种橱窗构造方式,来彰显品牌的尊贵和保护贵宾客户的私密性(图 3-1)。

▲ 图3-1 封闭式橱窗

2)半封闭式橱窗

半封闭式指橱窗后背采用半隔绝、通透形式,可用栅栏与店堂隔开,人们可以通过橱窗看到商店内部的部分面貌,隐隐约约的颇具神秘感(图 3-2)。

3)通透式橱窗(也称敞开式橱窗)

通透式指橱窗没有后背,直接与营业场地空间相通,人们通过玻璃可以看到店内全貌。当商店希望以内部购物环境来吸引顾客的情况时,往往会采用这种橱窗的构造形式(图 3-3)。

另外,每个橱窗都有一些基本的构成元素。陈列师可以根据不同的需要,选取一些构成元素进行组合,橱窗中最常见的基本构成元素有人模、服装、道具、背景、灯光等。

▲ 图3-2 半封闭式橱窗

▲ 图3-3 通透式橱窗

（二）橱窗的作用

橱窗是传播品牌文化和销售信息的载体，促销是橱窗设计最主要的目的。为了实现营销目标，陈列师要通过对橱窗中服装、模特、道具以及背景广告的组合和摆放，来达到吸引顾客进店、激发购买欲望的销售目的。另一方面，橱窗还承担着传播品牌文化的作用。由于橱窗所承担的双重任务，因此针对不同的品牌定位、季节以及营销目标，橱窗的设计风格也各不相同。

有的橱窗设计重在强调销售信息，采用比较直接的传播方式，除了在橱窗中陈列产品外，还放置一些带有促销信息的海报，追求立竿见影的效应，使顾客看得明白，激发进店欲望。这种橱窗设计手法直白、明确，通常适合对价格比较敏感的消费群或一些中、低价位的服装品牌，以及品牌在特定的销售季节里，需要在短时间内达到营销效果的活动中使用，如打折、新货上市、节日促销等。

另一种橱窗设计风格侧重于品牌文化的展示，除了产品外，商业方面的信息较少，使橱窗呈现更多的艺术效果。其设计手法高雅，传播商业信息的手段比较间接，主要追求日积月累的品牌文化传播效应。顾客看了橱窗后可能不马上进店，但该品牌的风格和文化将会留在顾客的脑中，让他们成为潜在的消费者。这种橱窗设计手法比较含蓄，通常中、高档的服装品牌采用较多，比较适合针对注重产品风格和文化消费群的品牌，或以提升和传播品牌形象为目的时采用。

在实际应用过程中，这两种风格往往结合在一起使用，只是侧重面不同而已。陈列师需要充分了解这两种设计风格的特性，并根据实际情况灵活运用。

橱窗设计是否成功的一个重要指数就是顾客的进店率，但因为两种橱窗设计的表现手法不同，检验标准也是不同的。第一种可以通过短时间来检验顾客的进店率。第二种顾客进店率则要通过一个较长的时间来综合评定。两种橱窗的设计风格虽然有些不同，但最终的目标还是一样的，就是吸引顾客进店。

二、橱窗设计的基本原则

橱窗是卖场中有机的组成部分，不是孤立的。在构思橱窗设计方案前要把它放在整个卖场中去考虑。另外，橱窗的观看对象是顾客，必须从顾客的角度去设计橱窗里的每一个细节。

橱窗设计时可以遵循以下原则：

1. 考虑顾客行走路线和视线落点

虽然橱窗是静止的，但顾客却是行走和运动的。因此，橱窗的设计不仅要考虑顾客静止的观赏角度和最佳的视线高度，还要考虑橱窗自远至近的视觉效果，以及穿过橱窗前的"移步即景"的效果。为了让顾客在最远的地方就可以看到橱窗的效果，在橱窗的创意上要做到与众不同。首先，主题要简洁，在夜晚还要适当加大橱窗里的灯光亮度。另外，顾客在街上的行走路线一般是靠右行，因此在设计中，不仅要考虑顾客正面站在橱窗前的展示效果，也要考虑顾客侧向通过橱窗所看到的效果。

2. 形成橱窗陈列和卖场风格的统一性

橱窗是卖场的一部分，在布局上要和卖场的整体陈列风格吻合，形成一个整体。有的陈列师在布置橱窗时，往往会忽略卖场陈列整体风格。我们常常看到这样的景象，橱窗设计非常简洁，卖场里却非常繁复；橱窗风格很古典，卖场的陈列风格却非常现代。

因此，在设计橱窗时要考虑卖场内、外的效果。通透式的橱窗不仅要考虑和整个卖场的风格协调，还要考虑和橱窗靠近的几组货架的色彩协调性。

3. 积极配合卖场内营销活动

橱窗从另一角度看，就像一个电视剧预告，它向顾客告知卖场的商业动态，传递卖场的销售信息。因此橱窗传递的信息应该和卖场中的实际销售活动相呼应。如橱窗里是"新款上市"的主题，卖场里的陈列主题也要以新款为主，并储备相应的新款数量，以配合销售需求。

4. 突出主题简洁鲜明的风格

陈列时不仅仅要把橱窗放在卖场中考虑，还要把橱窗放大到整条街上去考虑。在整条街道上，你的橱窗可能只占小小的一段，如同影片中的一个片段，稍瞬即逝。街上行人的脚步匆匆，在一条时尚街道，顾客在你的橱窗前停留也就是很短的一段时间。因此，橱窗的主题一定要鲜明，要用最简洁的陈列方式告知顾客你所要表达的主题。

5. 注重出样服装的整体性和流行性

橱窗陈列的选样非常重要。因为橱窗陈列是代表品牌形象的窗口，因此要选择具有代表性的服饰产品。这些样品既要求是当季的流行新品，又要求设计感强、细节丰富，并且一般为整个店铺里较高档的商品。常销款不应摆放在橱窗里，以免顾客觉得没有新意。另外，橱窗里的服装商品也不适合单独陈列，宜配套出样，旁边配以相关的服装和配饰，以形成完整的产品形象。

值得注意的问题是：当橱窗里人台出样的数目超过两个时，要考虑人台着装的相互关联性。当季流行元素（色彩、面料、细节等）应该以不同的款式出现在人台穿着的服装上，至少要保证多个人台穿着服装风格的一致性，以强化当季产品的整体风格，也能增加陈列空间的整体协调感，这一点在卖场陈列时也同样适用。

三、橱窗设计的基本方法

橱窗的设计手法多种多样，根据不同的品牌风格和橱窗尺寸，可以对橱窗进行不同的组合和构思。掌握了中、小型橱窗的基本设计规律，同样就可以从容地应对一些大型橱窗设计。

目前，国内大多数服装品牌销售终端的主力卖场，主要以单门面和两个门面为主，除了一些大型商场外，专卖店的单个橱窗的宽度基本上在 1~3.5m，橱窗的深度通常在 0.8~1m。这种中、小型的橱窗，基本上是采用两个或三个模特的陈列方式。根据这种实际情况，这里着重以三个人模为例来介绍橱窗设计的基本方法。

1. 人模组合变化

人模和服装是橱窗中最主要的元素，一个简洁到极点的服装品牌橱窗也会有这两种元素，同时这两种元素也决定了整个橱窗的基本框架和造型，因此学习橱窗陈列手法可以先从人模的组合排列方式入手。

线和线之间距离的变化，会产生一种节奏感和比例感。线的组合变化原理同样可以应用到人模上，对人模进行不同的组合和变化也会产生间隔、呼应和节奏感。

1）横向位置变化

由于没有改变人模的前后位置，只在横向的间距上进行变化，因此整个组合既保持一种规则的美感，又透出一丝有趣的变化。

在横向位置变化组合中，人模前后的位置虽然是在一条线上，但通过横向间距的变化，使整个橱窗既有序列感，同时有节奏的变化（图3-4）。

▲ 图3-4 横向位置变化

2）前后位置变化

前后位置变化可以使橱窗的空间变得富有层次感。其实人模之间横向的间距还是相等的，但因为把中间的人模向后移动了一个位置，平面上变成一个"品"字形，使组合发生了变化。陈列时也可以不仅横向距离发生变化，前后也发生变化，效果更丰富（图3-5）。

3）身体朝向变化

观察国内很多品牌的橱窗，其人模的身体朝向变化相对单一，基本上是正面朝外。同时设计师往往把更多的精力放在橱窗道具和背景的设计上，而忽视了人模组合给橱窗带来的有趣变化。而国外的一些品牌陈列师，往往把更多精力放在关注人模的编排和方向变化上，相对橱窗的背景却设计得非常简洁。

橱窗人模的身体朝向组合变化，是在改变人

▲ 图3-5 前后位置变化

模横向间距和前后位置后再进一步做出的变化，人模之间的呼应，使整个组合变得更丰富。身体朝向变化相对难掌握，做不好会变得杂乱。应在熟练掌握前两步的前提下，一步一步地摸索。做组合变化时可以先从改变横向间距开始，再进行前后位置的调整，等位置都比较适合后，再进行人模身体朝向的变化（图3-6）。

▲ 图3-6　人体朝向的变化

2. 人模着装组合变化

在改变人模排列和组合的同时，还可以改变人模身上的服装搭配来获得更多趣味性的变化。通常在同一橱窗里出现的服装，要选用同一系列的服装。这样服装的色彩、设计风格都会比较协调，内容比较简洁。当然，为了使橱窗变得更加丰富，还需要对这个系列服装的长短、大小、色彩进行调整。

橱窗内的模特着装比较灵活，变化比较繁多，各种陈列方式都可以在橱窗中运用，一般来说，橱窗的模特着装要注意两个方面：橱窗模特着装要采用同一系列服装；道具和背景要和服装主题相结合。服装的搭配方式应在掌握陈列形态和陈列色彩构成原理的基础上，灵活运用，并在实践中积累一些新的搭配方式，这样才能使橱窗不断有新的变化。

四、橱窗展示的设计要点

橱窗可以吸引路过的顾客驻足并进店内观看。橱窗的内容形式可以是单纯的商品陈列形式，也可以告诉人们商店内部正在发生什么，甚至仅仅为了吸引顾客而营造一个与商品无关的场景。如何能在匆匆的一瞥中抓住顾客的眼球是橱窗展示所需要做到的。要在有限的空间设计吸引和保持消费者的注意力,表达品牌特征,达到传达信息的目的,独到的陈列技巧和艺术表现是必需的。

1. 增强信息的强度(夸张的手法)

为了吸引顾客的注意力,应当有一定力度的刺激,比如鲜艳的色彩、绚烂的灯光、有趣的人台、铺天盖地的减价招贴等。在一定的范围内,客体的刺激越大,顾客对信息的注意就越强烈。我们经常可以看到在橱窗中出现大幅海报的情况,这些海报上并没有体现出当季的服装款式,而是仅仅一些模特的脸。据研究,有表情的人脸画面是最容易抓住人视线的视觉元素,这样做的目的是利用海报上的模特的神情来吸引路人的注意。

2. 增大信息的对比度

刺激物体中各元素的对比也很容易引起人的注意,比如在一堆很小的物体中摆放一个大的物体,或者在造型夸张的人台旁边放置中规中矩的圆球等。在展示中,我们可以有意识地强调物体的对比关系和差异,增加顾客的注意度。

3. 奇特性的刺激

常见的、雷同的事物对人的刺激力度较弱。从没见过的东西或新奇的组合方式是引起注意的又一方法,比如反常规的人台姿势、奇幻的空间场景等。这种手段有倒置、移位、置换、错觉等。但也要注意到奇特性的刺激要建立在品牌特征和理解的基础上,仅仅追求刺激,人们不能引起共鸣,同时刺激也很难持久。保持奇特性刺激的另一个做法是使橱窗展示的商品永远领先时尚,这种方式多适合于不需要迎合消费者的时尚大牌。

4. 动感吸引

运动的物体引人注目的程度要比静止的大得多。动的形象更能牵动消费者的眼睛,使之依照设计者所希望的方向移动。我们可以看到不乏运用流水、模特转动等引人注目的优秀陈列案例。影像科技的发展使服装陈列又多了一项动感刺激的手段,电子屏幕滚动播放的时装广告或秀场录像常常使路人驻足忘返。这一手段既效果理想又可经常更换播放主题,无疑是较为经济的做法。

5. 兴趣点关注

人们一般都会对感兴趣的事物加以注意。设计时可以利用当时人们感兴趣的中心事物作为展示的题材,当然必须是与展示内容有关联的事物。另外,一些有趣的、可爱的形象如小孩子、小动物等都能引起人们的喜爱和关注,从而延续到对橱窗展示内容的关心。

五、橱窗陈列的构思技巧

就如同每季的服装流行趋势和产品拥有主题一样,橱窗陈列也要有相应的主题。主题能帮助表达产品的情绪,如果有一个明确的主题,会大大强化和加深顾客对陈列内容的认识与理解,并对当季产品产生遐想和期盼。陈列的主题是橱窗展示的中心思想,会给顾客以明确、生动、深刻的印象。通常橱窗展示的主题会延续到整个卖场的陈列中去,形成风格的统一性,加深消费者对当季品牌诉求点的印象。

在掌握橱窗的基本组合和搭配方法后，橱窗陈列设计最后要考虑的就是整个橱窗总体结合和风格。橱窗设计主要是采用平面构成和空间构成的一些原理，通过对称、均衡、节奏、对比等构成手法，进行不同的构思和规划。然后再根据每个品牌的服装风格和品牌文化，构想不同的设计方案。

随着品牌定位的不断细化，橱窗的设计风格呈现千姿百态的景象，很难进行严格的分类，因为有的橱窗会同时采用几种不同的设计语言。为了让大家可以比较清楚地了解橱窗风格的变化，进行借鉴和学习，现将几种比较典型的设计类型介绍如下。

1. 简洁构成式设计

这类橱窗设计风格相对比较简洁、格调高雅，使用范围最广，几乎涉及高档服装与大众化服装。其主要设计思想是用简洁的语言，让消费者把更多的目光投射到服装本身，而道具只是配角。受极简主义设计风格的影响，许多橱窗的背景日趋简洁。为了弥补橱窗的单独性，橱窗设计更强调服装的色彩搭配以及人模的组合形式。具体表现在人模位置、排列方式、服装色彩深浅和面积的变化；色彩和造型的上下位置穿插；橱窗中线条方向等。往往通过服装和人模等元素的组合和排列，来营造优美的节奏感和旋律感（图3-7）。

2. 生活场景式设计

这类橱窗主要以一种场景式的设计手法，来制造一个品牌故事。这种手法比较写实，有亲和感，容易拉近与消费者的距离。模拟一定的生活场景，再现一定格调的理想生活场景是吸引目标消费者的最好手段。这样的生活场景要符合目标消费群体的生活趣味，但又略高于他们的实际生活状态，与他们现实品味相契合的又是梦寐以求的，能最大限度地引起他们的共鸣，并产生对产品的好感和信任感（如图3-8）。

▲ 图3-7 简洁构成式设计　　　　　　　　　　▲ 图3-8 生活场景式设计

3. 奇异夸张式设计

橱窗的功能就是为了吸引人,因此奇异夸张的设计手法也是另一种常用的手法。这样就可以在平凡的创意中脱颖而出,赢得路人的关注。其往往会采用一些非常规的设计手法,来追求视觉上的冲击力。如使用特殊的道具或表现手法来吸引顾客,或将普通物品采用反常规的方式进行展示,以期待行人的关注。比如设计一个美丽的故事,与模拟生活场景不同,该创意思维是通过橱窗陈列为消费者讲述一个现实中并不存在的美丽故事,或者离现实生活较为遥远的场景。这种陈列设计利用魔幻、怪异等所有新奇和美妙的元素来引起顾客的好奇心和关注度,产生探究的念头,并在脑海中留有强烈的印象。但是,橱窗无论如何进行夸张奇异的表达方式,最后一定是美的,因为这也是服装和陈列最基本的要求和原则(图 3-9)。

▲ 图3-9　奇异夸张式设计

4. 突出季节和促销的设计

打造热烈的季节气氛,利用节假日的气氛做文章,用这些节假日的特有代表元素作为陈列的主题。如圣诞节时的圣诞老人、铃铛、雪花、圣诞树,儿童节的气球、泡泡等,使消费者能够通过橱窗就感受到浓烈的节日气氛,并为之所感染,从而促进消费。同时,适时的强化促销打折的诱惑力,铺天盖地的打折宣传能极大程度地渲染购物氛围,对在场的所有消费者都是不小的诱惑。在橱窗陈列中出现促销打折广告,并以足够的量来强化这一信息,能将本无意走进商店的路人吸引进店,增加了潜在销售的机会(图 3-10)。

▲ 图3-10　突出季节和促销的设计

橱窗案例展示见图 3-11~ 图 3-18。

▲ 图3-11　情境化的橱窗展示

▲ 图3-12　主题式橱窗设计

▲ 图3-13 简约的橱窗背景，突出服装本身的质感

▲ 图3-14 背景墙和灯光的有效结合，突出产品亮点

▲ 图3-15 有层次感的主体性橱窗设计

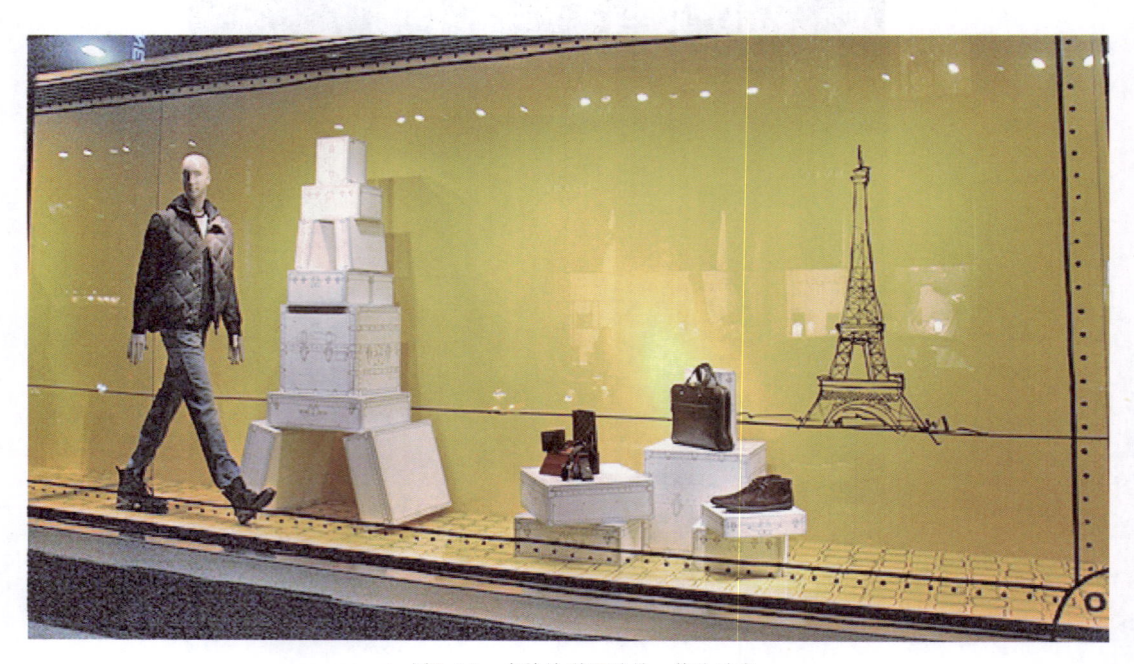

▲ 图3-16 有效地利用道具,简约时尚

▲ 图3-17 时尚个性的橱窗展示

▲ 图3-18 简约派，突出服装本身特点

实训操作

【实训名称】对某品牌卖场的设计主题性橱窗

【实训目标】根据陈列管理相关知识内容的学习,能够结合企业实际情况,帮助企业设计主题性橱窗。

【实训组织】以6~8名同学为一个操作小组,确定小组成员不同分工内容,完成该项工作任务。

【实训考核】小组代表上台演示汇报,其他各小组分组打分。同时结合教师打分,选出班级优秀作业推选企业,由企业专家指导点评。

任务二 橱窗展示的相应系列道具设计

任务描述

商品陈列无需经过语言媒介就能与消费者沟通,它主要通过消费者的视觉通道进入记忆过程,达到参观游览、选择购物的目的。商品陈列在吸引消费者进入商店挑选、达成交易时发挥着重要的作用。陈列是一种视觉表现手法,能够通过有效运用各种道具,结合时尚文化及产品定位,运用各种展示技巧将商品的特性表现出来。

知识准备

一、服装陈列展示道具设计的原则

展具是服装陈列中不可缺少的重要组成部分,是进行服装陈列的物质基础和技术基础。它具有安置、维护、承托、吊挂等陈列服饰展品所必需的形式功能,也是构成服饰陈列空间的形象、创造独特视觉形式最直接的界面实体。

在服饰展具的设计中,应注意以下6个方面的原则:

(1)展具的尺度要符合人体工程学的要求,在造型、色彩、装饰和激励等方面都符合视觉传达规律。

(2)要有利于服饰的陈列与保护,使造型和组合形式能突出展品的特性。结构要坚固、可靠,能确保展品的安全稳定性。

(3)除了一些特殊的展具外,一般应注意标准化、系列化、通风化,要做到可任意组合变化,互换性强、多功能、易运输、易保存。

(4)遵循形式美法则。要注意造型的简洁、美观,不作过多的复杂纹饰,表面处理应避免粗糙、简陋,也要防止过分华丽或产生眩光,导致喧宾夺主。

(5)要注意结构的简单性和合理性,注重各类连接构件的研究,并多采用轻质材料,以使生产加工方便,操作容易,拆装快捷。

(6)要注意经济原则,应努力增加展具的使用率,突出坚固、耐用、反复使用、一物多用等特点。尽可能减少生产一次性展具,以节约资源,减少成本。

二、展示道具的属性及作用

展示道具就是展示与陈列的基本工具,服装本身就是商品与艺术属性的结合物,在卖场需要合适的展具和恰到好处的组合方式,才能把服装服饰品的双重属性展示给消费者,展具除了有展示商品的功能之外,在现代店铺展示中,还具有一定的功能性、商业性和艺术性。

(1)展具的功能性指展具可以悬挂、摆放和存储服装服饰商品。

(2)展具的商业性指可以利用展具对商品的特色予以充分展示,满足消费者的潜在需求。

(3)展具的艺术性指在店铺空间布置上作为艺术品来构建场景效果。

无论是哪种类型的展具,都是为了展示商品、突出商品个性、构建品牌艺术审美品位,从而增加展示场面的现实感,突出生活化的气氛,强调产品的特征和用途,并有助于促销。在使用道具时要注意不要喧宾夺主,其次是展具的重复反复使用会引起视觉劳。

三、不同展具材料的工艺表现及运用

(一)展具材料的工艺表现

在服饰陈列设计过程中,需运用各种不同的材料加工成展示道具、框架和结构部件等。陈列活动主要构筑材料有金属、木材等,面饰材料有塑料、玻璃等。

1)金属材料及工艺表现

金属材料是金属及合金材料的总称。金属是现代工业的支柱,金属材料工艺性能优良,可依照设计者的构思实现陈列设计的多种造型。陈列活动中常用的金属材料主要作为结构材料,如利用铁材料、不锈钢材料和铝合金材料支撑的展架,如图3-19所示。

2)木质材料及其工艺表现

木材是一种优良的天然造型材料,自古以来是运用最广泛的传统材

▲ 图3-19 金属材料展具

▲ 图3-20　木质材料展具

▲ 图3-21　塑料材料展具

▲ 图3-22　玻璃材料展具

料,令人感到亲切自然。陈列活动中常用的木材是两大类,即原木和人造板材。人造板材是利用原木、刨花、木屑、废材及其他植物纤维为原料,加入胶黏合剂和其他添加剂而制成的板材。人造板材种类繁多,有胶合板、刨花板、纤维板、细木工板及各种轻质板材,由于价格便宜,而且美观耐用,被广泛应用在陈列设计、家具、建筑等方面,是一种重要的原材料,如图3-20所示。

3）塑料材料及其工艺表现

塑料作为一种具有多种特性的使用材料,在世界各国都得到了迅速发展。塑料的原料性能优良、质轻、具有电绝缘性、有很好的装饰性和现代感。随着工艺技术的提高,塑料的种类更加繁多,出现以塑代木,以塑代钢的趋势,广泛应用在各种陈列展示活动中,如图3-21所示。

4）玻璃材料及其工艺表现

玻璃是现代陈列展示设计中的一大媒介材料,已经成为人们生活、生产和科学试验中不可缺少的重要材料。在陈列活动中常用的玻璃有平板玻璃、压花玻璃、浮法玻璃、中空玻璃、热反射玻璃、夹丝玻璃、釉面玻璃、彩色饰面玻璃等。具有不同审美特点的玻璃充满了优雅、神秘的表现力,它的透明性特点使玻璃变幻出无穷的色彩和流动感,充分展现其材质的美感,如图3-22所示。

5）纤维材料及其工艺表现

在陈列活动中纤维材料对陈列设计的整体造型、空间分割起着非常重要的作用。特别是在服饰陈列中，由于服饰本身的材料就是各种纺织纤维，因而纤维材料在服饰陈列中，可以和服饰相互衬托，表达主题。

作为陈列设计材料的纤维，主要由以下几大类：棉织品、麻织品、毛纺织品、丝织品、人造纤维、织物壁纸、玻璃纤维、装饰贴墙布、挂毯、地毯等。纤维以其飘逸的、柔和的形态和变幻无穷的色彩，有着其独特的材质美（图3-23）。

▲ 图3-23　纤维材料展具

（二）展具材料在设计中的运用

1. 展具材料的选用原则

陈列师在选择展示道具材料时，除了要考虑材料的固有属性外，还需要着眼于以下的原则。

1）实用原则

实用是陈列设计材料选择的基本原则。实用是陈列设计的功能要求之一，这就要求所选用的材料必须符合设计要求。如在儿童服饰陈列中，选择一些塑料材料的玩具与陈列主题吻合。

2）创新原则

选用合理的展示材料，突破常规，体现陈列设计的现代与超前，也是很多优秀的陈列设计作品选材时的着眼点。材料和造型突破传统的审美形象，使服饰呈现出别样的审美情趣。

3）经济原则

在选用展示设计材料时，应该适当考虑企业的经济因素，量力而行。在不影响整体效果的原则下，应尽可能用一些经济型展示材料代替昂贵奢侈的材料，从而降低成本。

4）环保原则

随着经济的发展，人们的环保意识越来越强，这就要求在展示材料的选择上要考虑是否对人体产生危害、是否有辐射、安全性等。此外，环保的另一层含义是展示材料能否重复使用，在满足展示功能需要的同时，应最大限度的回收再利用。例如展具的可插接设计就是一种可重复利用的设计，从经济上节约了成本，也符合环保原则。

2. 展具材料的表现要素

材质美是陈列设计中很重要的一个方面。在服饰陈列中，材料本身通过色彩、光泽、肌理质地等因素表现。

1）材料的色彩美

材料的色彩分为自然色和人工色两种。材料的固有色（自然色）是陈列设计中美的主要元素之一，设计中必须充分发挥固有色的美感属性，尽可能不削弱和影响材料色彩美感及功能的发挥。材料色彩美的丰富表现力和强烈的美感作用，需要经过陈列师运用色彩间的对比关系。展示材料色彩设计主要运用的方法有相似色彩材料组合、对比色彩材料组合等。

2）材料的光泽美

材料的光泽是材料表面反射光的空间分布，它是由人的视觉来感受的。材料的光泽度主要通过视觉感受而获得，分为透光材料和反光材料。它们以反映身后的景物削减弱自身的特点，因而呈现出轻盈、明快、开阔的感觉；而半透光的材料给人以朦胧美。

3）材料的肌理美

肌理是由材料自身的组织结构或人工材料的人为组合设计而形成的，在视觉上或触觉上可以感受到表面材质效果，它是陈列设计造型美构成的重要元素，具有极大的艺术表现力。不同的肌理有不同的审美品格和个性，会对人的心理产生不同影响，如粗犷、坚实、厚实、刚劲、细腻、轻盈、柔和、通透等不同的视觉感受。

4）材料的质地美

材料的质地美是材料本身固有的特性所引起的一种赏心悦目的综合心理感受，具有较强的情感色彩。它是材料的本质特征，主要由材料自身的组成、结构、物理、化学等特性来表现。主要表现为材料的软硬、轻重、冷暖、干湿、粗细等。材料的质地是与造型紧密相关的要素，它具有材料自身的特性，一般可分为天然质地和人工质地。

5）材料的抽象表达

材料的抽象表达是将色彩、光泽、肌理、质地、形态等特征加以提炼、升华为具有某种审美价值的意象，并沿着抽象表达的共同方向，使材料能够唤起人们的某种情感，体现出某种境界、情趣、力感、空间感、动感、生命等。材料的抽象表达使材料不仅能在视觉和功能的层面改写艺术与设计的含义，在观念上也为现代艺术设计的发展提供可能性。

实训操作

【实训名称】橱窗陈列道具创新

【实训目标】根据陈列管理相关知识内容的学习，能够结合企业实际情况，帮助企业运用新型的道具进行橱窗陈列。

【实训组织】以6~8名同学为一个操作小组，确定小组成员不同分工内容，完成该项工作任务。

【实训考核】小组代表上台演示汇报，其他各小组分组打分。同时结合教师打分，选出班级优秀作业推选企业，由企业专家指导点评。

项目四　服装商品陈列的管理与维护

知识目标：了解陈列管理概念与特点

　　　　　　了解陈列管理方式

　　　　　　掌握制定服装品牌陈列策划方案的主要内容

　　　　　　掌握执行陈列策划方案的步骤

　　　　　　了解卖场陈列管理应遵循的原则

能力目标：能够初步完成某男装服装品牌冬季陈列策划方案

　　　　　　能够进行卖场陈列维护

项目分解：任务一　制定服装品牌的陈列策划方案

　　　　　　任务二　服装商品的陈列维护

任务一　制定服装品牌的陈列策划方案

任务描述

2015秋冬季即将到来，各品牌服装为提高销售利润，除了在产品设计和生产上大下工夫以外，更在专卖店陈列上摩拳擦掌，推陈出新，正所谓"陈列是无声的推销员"。宁波雅戈尔服饰有限公司为其旗下雅戈尔服装品牌制定了一系列的2015秋冬季销售方案，为了更好地配合雅戈尔服装"大师来临-西服文化节"销售主题，请为该男装品牌门店制定"2015秋冬季陈列策划方案"。

首先，确定品牌整体陈列策划方案的目的，既要保证这一季品牌、产品形象的统一性和故事的完整性，同时为提高销售服务，更好地达到预期销售目标。

其次，确定本次陈列策划方案的项目背景，即为雅戈尔男装各专卖店2015秋冬季设计陈列策划方案，使专卖店陈列紧扣"大师来临-西服文化节"销售主题。

最后，在"四个了解"的基础上，即了解服装设计师对新一季产品的整体设计规划；了解新一季的生产安排表；了解新品上市计划，进行色系整合；了解当季库存成衣数量及清仓计划表。最终完成雅戈尔品牌男装2015秋冬季陈列策划方案。

> 知识准备

一、陈列管理概述

1. 陈列管理现状

陈列是视觉营销的重要组成部分,是一门交叉性的学科。它涉及视觉艺术知识,也涉及营销和管理知识。从20世纪90年代开始,国内一些有远见的服装品牌就开始在这个领域进行探索和实践,并取得了非常好的效益。但总体来说,由于陈列概念进入国内时间不长,有些企业在陈列管理上不够规范,实际管理中出现了不少问题。

由于缺乏管理的能力,专卖店的陈列师常常是"孤军作战";品牌管理总部的陈列师,把很多的精力投入到陈列的实施工作中,虽然能身体力行地做好几个店铺的陈列,但大多数店铺的陈列状态却非常糟糕;陈列管理由于没有制定好流程,陈列工作游离在品牌运营系统的边缘。

这些现象在我们身边随处可见。

现象1:管理工作没有考虑陈列学科特点

目前国内相关服装院校还没开设专门的陈列专业,因此企业中从事陈列管理的人员,通常由其他专业的人员来代替。这些专业人员通常有以下两类:一类是具有艺术设计教育背景的人员;另一类是有营销或管理教育背景的人员。这两类专业人员多通过后期的再学习和系统的培训,成长为复合型知识人才。

但也有些人由于本身教育背景和工作经历的不同以及思维的惯性,使他们在陈列管理中还侧重于自己原来熟悉的学科。前一类陈列师往往偏重于陈列的艺术效果,而疏于陈列管理。后一类陈列师虽然有较好的管理手段和营销知识,但由于缺乏视觉艺术方面的知识,管理工作会显得比较机械,终端形象还是没有得到根本改变。如此状况,陈列工作变成"一头热"。

现象2:陈列复制效果不佳

某些服装品牌虽然眼皮底下直营店的陈列做得很好,而其他专卖店,特别是离公司总部较远的专卖店的陈列却常常呈现一片混乱。

现象3:陈列管理思路不正确

某品牌是国内一个拥有300家专卖店的中型服装企业。其专门陈列人员有6位,这个数字在目前国内陈列人员的配备人数上应该属于中上水平。其品牌直营店占总专卖店数量的10%,共30家;也就是说有270家是加盟店及合作店。如果按每个陈列师来平均分配计算,则每人要管理5家直营店和45家加盟店及合作店。按平均一年2次的巡店频率,每次去一个店铺的路途和指导的时间平均为2天。每年在店中的时间为200天,再除去休息时间,一个陈列师在总部的时间也就是50天左右。

如果按这样的时间安排,陈列师是无暇考虑整个品牌的陈列管理工作的,他仅仅是充当一个陈列实施者角色。但即使这样,每年2次的巡店对店铺来说也是杯水车薪,根本无法满足终端需求,同时还增加了大量的出差费用。因此,从管理角度来说,不仅增加管理成本,也无法使整个系统得到有效的提高。

2. 陈列管理概念

一个品牌的陈列在终端成功与否,不光取决于陈列师本身的专业素质,也取决于陈列管理的水准。陈列不仅是一项富有创意的视觉营销活动,也是一项非常严谨的管理活动。

管理学中对管理的定义是指和别人一起,或通过别人使活动完成得更有效的过程。管理还有一种更通俗的定义,就是通过别人来完成工作。陈列管理就是采用科学的管理方法,和相关人员一起或通过他们按照规范的方式在终端进行陈列实施的一个有效管理过程。一个服装陈列师在掌握熟练的陈列技巧后,还必须掌握基本的营销知识和管理知识,这样才能真正搞好陈列工作。

3. 陈列管理特点

陈列管理除了和其他管理工作有共同之处外,也有自己的一些管理特点。只有充分了解其特点,才能有的放矢地制定一些行之有效的管理方法。

1)陈列是一项日常性工作

陈列工作不同于店铺设计,一旦装修完毕后,基本上在一段较长的时间内不会做很大的变动。店铺陈列的变更非常频繁,只要有销售,有新品进货,就要对货架进行陈列的调整。另外,遇到季节、气候、节日变化,还要对整个卖场做一些大的调整。

因此其作为一项日常性工作,要求我们在终端的店铺管理中,把陈列纳入店铺的日常工作。同时在品牌系统的陈列管理中,也要把对基层店铺的巡铺管理作为常规性工作,使陈列的管理做到长抓不懈。

2)多种形式的管理手段相结合

陈列是一门交叉性的学科,融合了视觉美术、营销和心理学等多项的学科知识,既具有严谨性,也有灵活性。在实际的陈列管理推广工作中,基础阶段要强调执行的严谨性;提升阶段要强调其灵活性。但这种灵活性必须是建立在符合美和卖场营销规律基础上的。将严格的量化规定和灵活的变化相结合,这样才能使陈列管理既规范又不会陷入僵化状态。

陈列的工作内容具有一定的形象性和直观性,因此在陈列的传播工作中要考虑其特点,可以采用文字和图片相结合的方式,进行指导和传播。

3)周期变更有一定规律性

陈列工作是围绕卖场的销售活动而展开的。除了每年气候有一些变化外,每一年的货品上市时间和销售高峰都是类似的。掌握这些规律,就可以预先进行陈列的规划和准备工作。

4)陈列工作需要团队合作

无论是在陈列方案的设计规划阶段或在终端的执行阶段,陈列都需要借助一个团队的力量去完成。因此,陈列人员必须要有良好的沟通能力和组织能力。在品牌管理总部,陈列管理需要调动平面设计、企划、服装设计、营销管理等相关人员的积极参与,协同作战,制定合理的管理方案。在终端店铺实施中,要组织店员共同参与陈列的执行实施,这样一方面可以使陈列工作能高效地实施,同时可以使之真正融入整个品牌的运营轨道中。

5)与品牌运营系统保持一致

陈列是品牌运营系统中的重要一环,它必须和整个品牌运营工作保持一致。这种一致性体现在工作计划的安排和陈列风格的把握两个方面。

在服从品牌总体风格的前提下,每一个品牌都要制定统一的陈列风格和定位,并经常检查其在终端执行的状况。陈列师个人的陈列风格要服从品牌的总体风格,避免在卖场中为迎合个人喜好而出现一些背离品牌风格的东西。

4. 陈列管理种类

陈列管理从管理者所处的位置来划分,可分为两种。

1)系统陈列管理

由于品牌管理中心是对全系统的陈列状况进行全面的管理,涉及的范围大,各店铺的情况复杂,其管理难度更大。

2)终端陈列管理

终端店铺的陈列管理,是在总部的指导下进行一些陈列的实施工作,涉及的范围小,情况简单,管理相对比较简单(表4-1)。

表4-1 两种管理类型比较

管理类别	管理目标	管理范围
系统陈列管理	指导和管理全系统终端陈列,使其达到公司的规范标准	全系统终端店
终端陈列管理	严格按总部陈列规范知执行,达到公司规范标准	单个终端店

二、陈列管理方式

目前,越来越多的服装品牌企业开始意识到陈列的重要性,并开始在企业中设立相应的部门。他们期望这种全新的视觉营销模式,能在新一轮的商业竞争中发挥巨大的威力。可有时候结果并不像他们想象中那么美好。往往花大力气设立的部门,所起到的作用却微乎其微,这时有的企业决策者开始怀疑陈列的作用。

其实,陈列管理是一个系统,仅仅有一个好的陈列设计方案是远远不够的,因为它并不代表能在终端完美地得以实施。如何使所有的终端都能规范地执行这些方案,得靠科学的管理手段来完成。食品的现场制作是非常难以规范的东西,但是肯德基却可以把全球的薯条做成一种味道。其秘诀就是从原料到最后的炸制过程,都有一套严格的规范制度。虽然服装和食品各有其不同的特点,但从肯德基对薯条制作的管理方法中我们却可以学习一种科学的管理方法,即制定一套科学的管理方式和流程。

1. 建立专业管理部门

重视陈列并不能留在口头上,在实际的工作中必须要赋予陈列管理人员一定的权利、一个施展才华的舞台。有条件的企业应该设立专业陈列部门,由专职的陈列师从事陈列的管理工作。在品牌管理中心设立专业的陈列部门,一方面可以明确工作任务,另一方面还可以使下属的专卖店有对口的业务指导部门,以利于更快、更好地提高陈列水准。

根据陈列管理工作内部分工的特点,对陈列人员的配置和安排,要有侧重地进行分工。有的可以偏重于培训,有的可以偏重于陈列方案的设计。另外还要适当考虑因为性别不同而产生审美角度的不同,可以有意识地进行不同性别的陈列师组合。

陈列师数量,可以参考品牌的类型和销售网络的大小来决定。通常休闲装和女装由于品种多、更换频率比较密,陈列人员的配置数量相对要比男装多些。陈列人员的数量还与陈列人员本身素质和管理能力,以及品牌对终端陈列目标的高低相关。同时我们还必须明白,即使让总部的全部陈列师一年到头全部在店铺中,也是无法满足店铺需要的,因此总部的陈列师要将更多的时间用于陈列管理中。

陈列部门通常设立在公司的企划部中,因为陈列工作和企业部门中的平面设计部门、店铺设计部门有较多的联系。另外也可以设立一个相对独立的陈列部门,这样可以更多地综合营销和设计部门的意见,更好地为终端的营销服务。在实际工作中,由于各品牌管理架构不同,陈列部门的归属也各有不同。无论怎样归属,如果对陈列工作有一个正确的认识,同时能给陈列工作带来连贯性和管理上的便捷,那么设在哪个系统中都是合理的。

陈列部门可以根据规模的大小设部门经理或主管。国外一般由设在企业中的视觉总监来管理。国内的服装企业中,陈列部门一般由企划部经理、品牌总监或负责品牌系统管理的副总经理领导。

2. 明确陈列部门工作范畴

有很多品牌管理公司的陈列师总是倾心于陈列的实施工作,而疏忽了对整个品牌陈列工作的管理。但造成这样的一个结果,不是他们的过错,而是从部门设立起,公司的主管部门就没有明确其工作范畴。因此要搞好品牌的陈列管理工作,首先就要明确陈列部门的工作范畴(图4-1)。

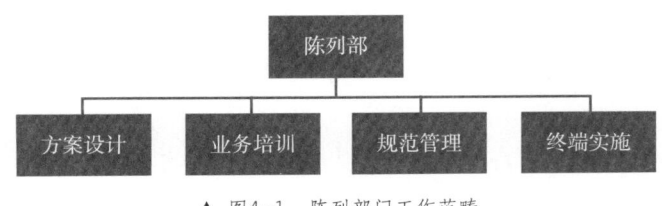

```
                    陈列部
         ┌────────┬────────┼────────┬────────┐
      方案设计  业务培训  规范管理  终端实施
```

▲ 图4-1 陈列部门工作范畴

1）方案设计

店铺的陈列会随着季节和服装系列的变化进行更换，陈列部门必须要有一个好的陈列设计方案。这些方案包括橱窗、货架、流水台等不同的区域的设计。好的方案也是陈列效果好坏的基础。

2）规范管理

服装连锁经营的秘诀就是将一个成功的方法进行无变形地复制。要使终端的陈列规范化，就必须有一套规范的管理制度和检查方式。

3）业务培训

陈列中有很多涉及视觉艺术的东西，如色彩、造型等。因此我们不要以为有一个好的陈列指导手册就万事大吉。因为在终端会有很多情况可能超出规范的范围，有时候必须采取一些变通的方式。在这种情况下，如果一个品牌所有的专卖店都掌握了陈列的翔实知识，那么总部的陈列方案在终端才能很好地得到充分的贯彻和实施。

4）终端实施

终端实施工作只是整个陈列管理工作的一部分。陈列人员进行陈列实施指导的店铺，通常是品牌的直营店、旗舰店以及新开的店铺。陈列师在实施的过程中可以不断地提高自身的业务水平，同时可以检测自己陈列设计方案的可行性，还可以将店铺的培训结合在一起（表4-2）。因此品牌公司的陈列管理人员，一方面要提高自身的陈列水准；另一方面，也要花大精力投入陈列的管理和培训中。

表4-2　品牌陈列部工作范畴

主要工作项目	详细工作内容
设计陈列方案	设计分季橱窗及店铺陈列方案，发布《分季店铺陈列指导手册》
陈列业务培训	全系统陈列培训，单店铺陈列培训
陈列规范管理	制定基本陈列规范标准，监督店铺的陈列规范，陈列员的业务管理
终端陈列实施	直营店，样板店的陈列实施

3. 制定科学的陈列管理制度

陈列管理是一项科学的管理工作，它在终端的实施是否起效果，不能依赖于几个陈列师亲自去督促，应该依靠一套科学的管理制度去执行。陈列的管理流程主要包括：

（1）店铺日常陈列维护制度。

（2）陈列方案设计及审批制度。

（3）陈列物品的管理制度。

（4）陈列实施制度。

（5）陈列培训制度。

（6）新店开业的陈列扶持制度。

4. 建立互动的陈列管理流程

陈列管理所涉及内容有交叉性,决定陈列部门的工作方式不能"闭门造车",而必须要和公司各部门及终端建立互动的关系,这样才能把陈列融进品牌传播的整个环节中。要建立这样一种互动的关系,就必须在管理中建立一个互动的陈列管理流程。

在终端影响陈列效果最根本的因素主要有两个:一个是产品,一个是店铺的设计。因此要搞好陈列工作就必须从这两个"源头"抓起。

首先来谈产品。服装产品最终是在卖场中销售的,一个成熟的服装设计师就必须了解卖场终端的状态,陈列师要一起参与产品的规划。只有这样才能把产品和陈列方式有机地结合在一起。另外,在店铺工程设计阶段,陈列师要事先做好和店铺设计师的沟通,特别是卖场的通道规划、灯光规划等,合理良好的卖场规划是做好陈列工作的基础。除此之外,在日常的陈列工作中,陈列部门还要随时和公司的营销部门保持紧密的联系,随时关注销售情况,在第一时间和营销部门一起改变店铺的陈列方案。

建立起一种良好的、互动的工作方式,陈列师和服装设计师、店铺设计师在企业设计产品、设计店铺时就有所沟通,让服装设计师了解陈列,让陈列师参与店铺内部的规划。只有这样,才能从源头解决陈列工作越做越狭窄,陈列的主题和设计的主题脱离的状况,从根本上解决陈列局部化的问题。

图 4-2A 流程和图 4-3A 流程是某品牌原有的陈列管理流程,由于陈列在服装设计和店铺设计的前期没有参与,工作非常被动。后来经过流程的优化,陈列工作在服装设计和店铺设计的前期就参与进去,最后形成陈列和服装设计、店铺设计的工作互动,使这两项对陈列效果影响最大的"前道工序",能更多地考虑"后道工序",收到了很好的效果。

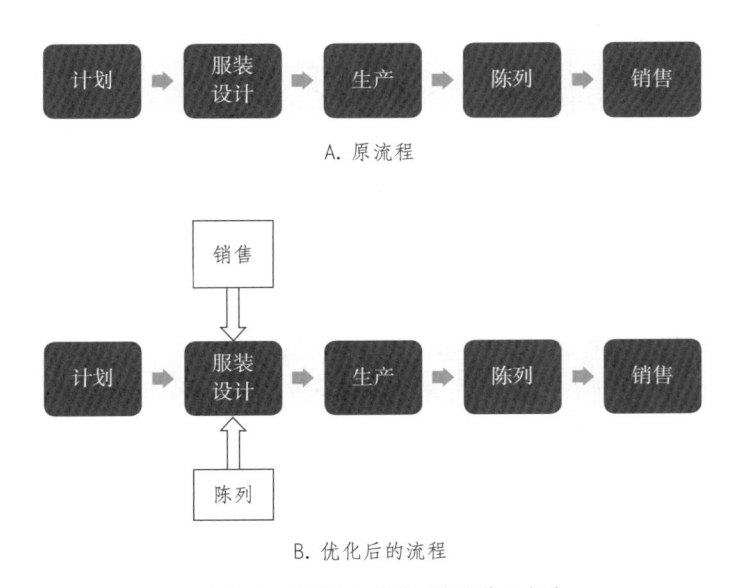

计划 → 服装设计 → 生产 → 陈列 → 销售

A. 原流程

计划 → 服装设计 → 生产 → 陈列 → 销售
(销售 ↓ 服装设计 ↑ 陈列)

B. 优化后的流程

▲ 图4-2 流程改变使陈列和服装更和谐

```
店铺设计 → 店铺装修 → 陈列 → 销售
            A. 原流程

         陈列
          ↓
店铺设计 → 店铺装修 → 陈列 → 销售
          B. 优化后的流程
```

▲ 图4-3 流程改变使店铺设计能更适宜陈列的需求

5. 建立立体的陈列管理体系

即使在管理总部配备一定数量的陈列师,但对于众多的店铺来说,仍只是杯水车薪。因为陈列工作是一个日常性的工作,有大量的工作需要及时去完成。因此要彻底搞好陈列工作,就必须在整个营销系统中建立一个立体的陈列管理体系,并采用分层设置陈列师方式,对陈列工作进行分层管理。除了在总部设立专职的陈列师,同时也在终端店铺设立兼职的陈列助手,店铺兼职陈列助手其行政上归店长领导,业务由上一级陈列管理部门直接指导。

1)分层设置陈列管理人员

(1)各个层面的陈列人员,工作的侧重点也有所不同。这样可以将有效的精力投入到自己的工作中,同时也节约大量的人力、物力。如可以减轻总部陈列人员在具体实施方面的工作量,有更多的时间投入到整个品牌的陈列规划和管理。

(2)店铺中陈列管理由专人担任,一方面可以做到责任到人,及时解决店铺中的一些陈列小问题;另一方面可以有更多的时间接受总部专业的技能培训。

2)陈列人员分工

某品牌在整个系统中,对陈列进行分层管理,在店铺中设立陈列助手,收到了很好的效果。

(1)总部陈列师:指导和管理整个系统的陈列工作、培训和设计方案。

(2)分公司陈列师:起到中间衔接作用,实施及指导管理。

(3)店铺陈列助手:在总部的指导下,进行陈列的实施,处理日常的陈列问题。

6. 手册化传播

目前企业中传达管理方案通常分以下两种:一种是用口头传达,另一种是用书面传达。两种传播方式各有利弊。口头传达的优点是直接、互动、生动;缺点是由于传达者理解能力的差异或者因为遗忘而造成结果的偏差,随意性大,不够严谨,保存性差。书面传达的优点是保持一致性、准确性,保存性强,观点统一、规范、系统,有利于进行档案管理,可以对专卖店进行远程的陈列管理,管理效率高,可以进行大面积指导。缺点是传播方式单向,缺乏互动性及对特殊店铺个案的应变能力。

因此在陈列管理中可以采用以书面传达为主,口头传达为辅的传播方式。同时口头传播也必须遵循书面传达的规范。

除了简单的通告采用书面传达以外,陈列部门每季对终端的指导可以采用手册化管理。手册化的指导方式是目前国内外服装品牌对店铺进行远程陈列指导的常用手法,也是一种比较有效的指导手段。

针对终端的陈列规范手册,常用的有两种:

(1)基础性陈列手册,是对陈列的基础规范,内容包括色彩基础、陈列基础、陈列实务以及品牌的特殊陈列规范等。主要目的是让店铺掌握基本的陈列知识以及本品牌的陈列规范。

(2)季节性陈列手册,对当季陈列应用进行规范指导,一般根据服装每季的特殊陈列方式来规范,内容包括橱窗陈列方式、各陈列面陈列组合、细节陈列、装饰品陈列、特殊面料介绍等。

7. 建立详细的店铺档案

陈列师在每一个季度来临时,都要忙碌一阵子,其总要花费2~3天的时间,用电话和各个店铺沟通,把每个店的橱窗尺寸重新调查一遍。其实在上一季他已经做过这样的工作,这样每一次他不仅要付出重复的劳动,也耽误许多时间。

因此在平时就要注意店铺资料的整理和档案的建立。有些品牌虽然已经有店铺的详尽资料,但还是要从陈列角度,侧重收集和整理有关资料。在原有基础上增加一些和陈列相关的内容,使我们对每个店铺的基本状态一目了然。

1)店铺的陈列档案

(1)数据资料。店名、公司内部的级别(重点、非重点)、地址、周边环境、面积、店铺性质(店中店、独立店)、有无橱窗、上年度的销售额等。

(2)图片资料。店铺的工程设计图包括平面图、立面图、灯光图以及门面、门头、橱窗、店铺货架的实景照片等。

2)建立店铺陈列档案的优点

(1)在进行远程指导时,对各店铺胸中有数。

(2)下店指导前可以预先对资料了解,预先做好方案。

(3)可以针对一些店铺需要的促销活动迅速地回应。

8. 预先制订计划

在品牌管理中,要做好陈列管理就必须预先制定详尽计划,做到胸中有数,避免头痛医头,脚痛医脚。预先的陈列计划,既可以让我们合理地分解上级交给的任务,同时也可以让上级了解每个阶段的工作任务和目标,进行合理的工作分派。通常品牌的工作任务是以一个年度作为时间段,因此在新的阶段将要开始时,必须对新年度中的工作任务和重点进行安排和分解。如果公司总的年度规划还不够明晰,也可以缩短为半年或季度的规划。

陈列就是将产品更好地在终端进行销售,因此在制定陈列管理计划之前,首先你必须要向公司的设计部门和营销部门了解一下资料:

(1)新产品的设计风格、主题、总款数。

（2）产品上市的波段安排。

（3）相关促销活动。

（4）公司各阶段的销售目标。

（5）新店的开业情况。

（6）订货会的安排。

同时陈列也有一些规律，特别是节日和季节的变化通常都会对销售有一定的影响，有时就是销售的高峰，因此我们还可以把这些时间段罗列出来。如"六一"儿童节对童装企业是很重要的销售季节，"五一""十一"是所有服装品牌在一年中的重要销售节日，也是陈列需要重点安排的节日。

在这些基础上根据总的工作内容就可以做出陈列的计划安排，安排内容主要在陈列部工作范畴中展开。主要有以下工作：

（1）每季陈列设计。橱窗、陈列面、细节设计和安排，并编写每季陈列手册。

（2）安排陈列培训。基础陈列培训和每季陈列培训。

（3）新开店的辅导和重点店铺的辅导。

（4）巡铺。检查终端陈列实施效果，及时调整陈列的工作安排。

每季的服装款式通常都比较多，如果将这些服装统统在一个时间上市，就把一个卖场摆得满满的，同时如果在整个季节里卖场的货品都没有一点变化，也会使消费者厌倦。因此大多品牌都会把整个季节的服装分解成几个"波段"，这样一"波"一"波"递进，就形成了非常好的上市节奏，使消费者在每一段时间都可以看到新鲜的东西，使卖场保持一种新鲜感。因此在整个陈列的工作安排中，还必须安排好服装上市的节奏感，对于两个季节交接的时间段，还必须考虑两"波"服装交接时卖场的整体效果。

9. 重视陈列培训

经营状况良好的公司，除了有好的产品、策划和管理制度外，还有赖于其良好的培训体系。如公司中有专门的培训部门，新员工上岗后都必须进行各方面知识的培训。重视培训工作已成为众多企业的共识。

同样，陈列作为一门技术和艺术结合的学科，就更需要终端人员具备一定的专业知识。通过培训可以使终端人员提高视觉的审美水准，统一陈列思路。同时由于陈列是一门视觉艺术和管理销售相结合的学科，在很多的场合需要终端的管理人员在执行公司标准时，还要有一定程度的变通性，而这种灵活的变通必须建立在符合视觉审美的前提下。

品牌的陈列培训可以针对接受对象的不同，合理安排培训时间并采用多种培训方式。

1）培训方式

可以选择集中培训、分片培训、单店培训等相结合的方式。

2）培训对象

培训对象可以分品牌经销商、店铺管理人员（包括店长、领班等），前者可以注重概念性培训，后者多进行概念和实际操作相结合的培训。

3）培训时间

培训应尽量安排在订货会期间，或安排在销售淡季，如7~8月份进行，或"五一""十一"节日后一周时间进行。

同其他管理工作一样，陈列工作也可以做到生动活泼。品牌公司的陈列工作不应是"孤军作战"，而是要取得整个管理系统的支持，发扬"全民皆兵"的作战风格。同时在终端店铺的管理过程中，还可以通过一系列丰富的活动，如最佳橱窗、最佳形象店铺的评选，以及店铺陈列效果考评等活动，使陈列工作变得有声有色。

三、制定品牌陈列策划方案

1. 品牌整体陈列策划方案的含义

品牌整体陈列策划方案是与服装产品设计方案及品牌营销战略同步的品牌总体陈列规划方案，通常以季节为单位，分为春夏季和秋冬季。

2. 制定品牌整体陈列策划方案的目的

制定品牌整体陈列策划方案的目的是将零散、杂乱的工作连接为整体，保证这一季品牌、产品形象的统一和故事的完整性，并为销售部门预演店铺场景，同时有效地避免陈列师陷入琐碎事务中，而无法实现陈列的真正价值。

3. 了解品牌整体陈列策划方案的人员

首先，品牌整体陈列策划方案要获得企业领导的认可，然后给销售人员看，用简单、直观地方式告诉他们即将展示、销售什么产品，提前规划出店铺的陈列布局、货品结构和销售思路。此外陈列师自己也要认真研究品牌整体陈列策划方案，因为陈列工作如果没有一条主线很容易混乱。

4. 品牌整体陈列策划方案的准备工作

陈列与服装设计有着千丝万缕的联系。服装设计师用服装创造出一个梦想，而陈列师要用橱窗、卖场、道具等陈列手法演绎设计师的梦想。在国内服装企业中，服装设计中的工作架构及操作流程与陈列相比完整、顺畅得多，而公司各部门的运营也是围绕着产品的研发、设计、推广、销售进行的。服装设计师的梦想要通过陈列师的演绎传达给顾客，因此陈列师与服装设计师的沟通尤为重要。在做整体陈列策划方案的时候，其与产品设计方案的主题统一是必须遵守的原则。

5. 了解公司年度市场开发计划

了解公司年度开发计划，主要应了解以下4个方面的内容。

1）了解服装设计师对新一季产品的整体设计规划

服装设计师在进行新一季产品设计时，陈列师要做的并不是等待，而应该随时了解服装设计师的思路及进展，以此同时，启动新一季终端陈列策划方案。

2）了解新一季的面料订货及生产安排表

品牌每一季的面料订货种类通常比较繁多，有时数量会超过百种，此外面料的成分、订货量的多少、到货日期、针对面料的设计方向等都是陈列师必须掌握的信息。仅凭头脑是不可能全部记住这些信息的,也无法完全用色彩、图案等来分辨,陈列师应该按照公司统一的编号与其他部门沟通,提高工作效率,同时避免不必要的麻烦。有了这些信息,该产品系列的上市时间,卖场由哪些面料、服装组成,店铺的大概布局和构思就应运而生。

3）了解新品上市计划,进行色系整合

在进行陈列策划的过程中,有一个很重要的程序,即面对上百种面料进行色系整合。服装设计师在设计服装的时候一定会有一套色彩搭配方案,但仅有一套而已。作为陈列师,只有一种搭配方案远远不够,因为服装设计师的搭配方案不一定能够应对所有店铺的实际情况,不一定能被市场认可。这时第一反应就是通过更改陈列促进销售,这便是陈列师准备的第二方案、第三方案大显身手的时候。

4）了解当季库存成衣数量及清减计划表

成衣库存分为两种:一种是销售较好的畅销库存;一种是销售不好的滞销库存。畅销库存自然不必担心,关键在于滞销库存。如何将这些卖得不好的款式与新一季的货品重新组合,带动滞销库存的销售,这是陈列设计师必须考虑的。陈列师有责任通过自己的二次陈列搭配、组合设计为公司清减成衣库存。

四、执行陈列策划方案

（一）陈列必备工具

1）针装工具

针装工具主要包括钉枪、订书针、螺丝刀（一字、十字）、1.5cm螺丝钉、卷尺、美工刀、剪刀、粗鱼线、双面胶、25cm塑料扎带等。钉枪主要用于钉背板、侧板包布等,鱼线用来挂橱窗挂画及吊牌海报等,收银台背景画及一些其他海报可用双面胶粘贴固定。

2）海报

卖场的所有海报都是为了营造卖场的气氛,对陈列主题的诠释和促销推广的宣传。所以一定要保证卖场海报的清洁和平整,且一定要粘贴在指定的位置上。不可有过时的海报出现在卖场里,不要使用自制的刻字海报和手写海报。

（1）橱窗挂画。多指挂在橱窗里面作为背景的海报,主要用作换季主题及促销宣传。一般用悬挂的方式安装,较大的封闭式橱窗用海报铺满作背景效果较好。不管是哪种方式,都要求画面平整、无缺损（挂画要使用较粗的鱼线吊装,开放式橱窗要正反两张贴在一起悬挂）。

（2）高架海报。主要用于营造卖场气氛、诠释陈列主题和促销宣传。高架面板要装四个海报码（上下各两个）,以便保证面板不变形。还要保证海报的粘贴平整,安放位置合理。

（3）收银台背景画。收银台背景画是店堂里的一个焦点,一定要粘贴平整,保持清洁、无缺损,不可在上面粘贴其他东西。

（4）门口吊牌。吊在门口的宣传海报,一定要保证平整。若背板损坏,立刻更换。

（5）门口海报。放在门口海报架上的宣传海报，同样要保持平整，不可使用自制的刻字和手写海报。

（6）仓位海报。较大的卖场为了迎合卖场气氛，提升形象品位，而合理安排的一些仓位上的海报。背板一般使用雪弗板或KT板，一定要保证拼接整齐、安装平整。

（7）店堂小海报。一般为单款推广和促销的海报，安装在矮架上，不可使用自制的刻字或手写海报。

（8）形象灯箱。一般为店堂门口或里面用来衬托店堂形象的灯箱。一定要保证画面清洁，并应季更换画面。

（9）产品画册。介绍应季产品的画册，可平放、摊开在店堂里的展示台上，或放在报架上，便于顾客翻阅。不要折成花形做陈列摆放。

3）音乐

（1）店堂音乐类型的选择。上午以轻快的音乐为主，可给人轻松愉快的感觉；中午用热烈一些、节奏感强一些的音乐，给人以振奋的感觉；下午三、四点钟后应用抒情一些的音乐，可给人放松的感觉；晚上七点钟后可用节奏感强的音乐，因为人们一天中比较兴奋的阶段是晚上。

（2）店堂音乐音量的大小。店堂音乐音量大小的标准是人在店堂内的正常说话，应在1.5米左右能够听清楚，若听不清，即为音量过大。

4）拍照

（1）陈列照片的拍摄目的：

①了解店铺陈列后的效果，帮助改善自己小结工作中的缺点，从而不断改进和提高。②了解店铺的实际情况，以帮助制定下次陈列的计划和道具清单。③寄往总部陈列部，便于及时发现不足及监督指导。

（2）陈列照片的拍摄方法：

①橱窗。尽可能地把橱窗拍摄完整，尽量不要与橱窗呈垂直位置，以免玻璃对闪光灯造成反光，影响照片效果。②店铺。以进店路线为拍摄路线，尽可能地把一个墙面完整的拍下来，并连接左右两边的仓位，使人一眼看过就可以了解这个仓位与哪些仓位连接。在拍摄进店口的照片时，尽量把门口的门面、招牌和正对门口的仓位一起拍摄下来。针对橱窗、展示台及其他重点陈列地方也要单独拍摄。另外，拍摄时还要在左右远角拍摄一些店铺全貌，使看的人可以了解店铺的整体情况。

（二）卖场的整理

1）模特着衣

卖场模特包括橱窗模特、展台模特、仓位全身模特、仓位半身模特。模特服装应每周更换一次，以店铺新到货品为主。服装的色系、颜色的深浅、服装的长短都应协调。服装熨烫平整，适当的搭配饰品，根据衣服的性质形象生动的摆放出模特姿势，使之充满生活气息。模特搭配放置好以后再重新检查一下各个细节，吊牌是否外露，鞋带是否系好，总体效果是否完整。

2）货品补充

挂装的服装如果让顾客买走，要随时从叠装里补充，叠装的衣服再从仓库里补充。断码货品可同款叠放在一起。

3）货架维护

不要把双面胶、胶带等往货架上乱贴。经常检查有螺丝连接的部位有无松动，有无配件损坏，若有需及时更换。

4）海报维护

所有海报都要贴在指定位置，不要随意在墙上、试衣间、柱子、货架等处粘贴。店堂所有海报都必须保持平整、无缺损。

5）灯具维护

灯具若有损坏或不亮应立即维修或更换，避免店堂出现瞎灯现象。

（三）卖场卫生

1）招牌

招牌是店铺的脸面，所以必须要保证招牌的清洁。

2）橱窗

橱窗是店铺的眼睛，店铺就是要靠它与顾客交流。所以一定要注意橱窗的整洁与卫生。

3）展示台

展台是卖场的焦点，所以一定要使它以整洁示众。

4）模特

模特的底座和顶部是最容易看见灰尘的地方，所以要经常检查。

5）货架

货架是用来展示衣服的器具，不保证它的卫生，衣服的卫生也就没有保证。

6）地面

卖场地面的清洁干爽是首先要保证的。

7）货品

卖场销售的货品必须是清洁卫生的，若有脏品出现要立即更换处理。

8）收银台

收银台是较容易出现脏乱情况的地方，所以一定要注意，不能乱放杂物，保持整洁。

9）试衣间

试衣间是顾客试穿衣服，并决定是否购买的地方，所以试衣间一定要清洁卫生，并且凳子、拖鞋、衣帽钩齐全。

10）标价牌

标价牌是反映货品价值的东西，一定要安放整齐，保持平整。

11）灯具

做卫生时不要忘了灯具,但也不要忘了做完卫生后把射灯方向还原。

(四)程序化陈列方法

1. 陈列前的准备工作

（1）了解现有货品的结构、货品主题及销售状况。

（2）了解同类品牌的销售结构及店铺陈列。

（3）划分区域:因为服装的色彩多样,货品结构丰富,所以要结合消费者特有的消费心理。

2. 陈列中的工作

（1）确定店铺货位摆放:按客流情况及店铺的销售情况确定店铺货位摆放。一般有三种摆放方式。

①对称型。摆放通道顺畅,区域划分明显,此种货品摆放方式用于国庆等大型节日。②平衡型。摆放货品概念体现更到位,店铺视觉由高到低,很有层次感,此种货位摆放方式一般在新店开业、新品上市、表现新主题时采用。③变化型。店铺整体陈列不是很整齐,有凌乱感,但能留住顾客,给顾客有柳暗花明又一村的感觉,适用平时客流少时采用。

（2）确定主款货品的陈列,以突出表现货品主题。

（3）确定其他货品的摆放,完善陈列细节。

（4）配合货品主题规范使用宣传品。

（5）退出货场,从不同角度检查是否符合以下标准:

①主题是否明确。②色彩运用及款式设计是否和谐。③货架摆放及通道设计是否合理。④宣传品使用是否规范和谐,能否辅助表达货品主题。⑤细节是否到位,货场是否整齐,清洁。⑥整个店铺陈列与周围环境是否和谐。

（6）货场通道设计（主通道的概念和设计）。在设计通道前,首先要考虑的问题是店铺的客流情况。在一些节假日,客流多的情况下,货场通道应简单、畅通,以利于顾客迅速流动;而在销售淡季客流少的情况下,则一般将通道设计的较为复杂,使顾客滞留在店铺的时间较长,有较多的时间与机会了解货品,从而增加销售机会。其次,还应照顾到货品结构。主推货品一般能吸引较多的客流,所以应有较大的空地来容纳更多的顾客,而一些形象款则相对来说目标顾客较少,客流也就相应少些,所以通道设计较窄。此外,顾客走向习惯、店堂布局的和谐与美观,这些因素都会影响到通道的设计,通道可分为两种:

①主通道:客流较多的通道,通常指货场内的纵向通道,通道宽度 1.2~1.5 米,最大宽度为 1.8 米。最小宽度为 0.75 米。②辅通道:客流相对较少的通道,一般指店内的横向通道,通道宽度 0.9~1.2 米,最大宽度为 1.2 米,最小宽度为 0.6 米。

（7）具体的陈列方法如下:

①边场陈列。边场货架展示原则应遵循三大平衡即对称平衡:A∶B∶A,A∶B∶B∶A;韵律平衡:A∶B∶A∶B;变化平衡:A∶B∶C∶B。

② 中场陈列。A：流水台。一般摆放于门口的位置，用于陈列主推货品，有单个陈列、两个组合陈列和三个组合陈列。B：中岛架。一般摆放店铺的中后场，但也可因货场的需求灵活调整。通常用于上下装的配搭出样，也可单独陈列，可拆除一根直身衣架两个组合陈列，或与双边展架组合陈列。

③ 橱窗陈列。A：目的。展示形象货品，反映流行趋势，提高货品格调，树立品牌形象，最终吸引顾客，促进销售。B：操作细则。有简单明确的主题；保持橱窗清洁卫生，光照充足；橱窗要符合产品风格，要有格调，可恰当选用一些小道具与配件辅助陈列；橱窗应定期更换，以保证新鲜感；恰当使用橱窗宣传品以烘托气氛，传递资讯；根据橱窗大小与推广手法选用模特，可根据需要将模特组合使用，通常将模特摆放在橱窗一侧；模特着装应反映推广主题及时尚潮流，且搭配和谐。

④ 模特陈列。A：陈列原则。同一性别的模特高度一致，并保持身体的垂直。B：公仔组合陈列。2个及2个以上公仔同时出样，追求一种气势，如AA，AAAA，BA形式（普遍型）。还有突出重点的组合陈列，3个及3个以上公仔同时出样，为了突出某一款时，我们往往是如此陈列的：如ABB或AAB形式（促销推广型、主推型）。

⑤ 陈列细节。用于陈列的货品（小配件除外）一律拆除包装袋，并保持干净整洁；陈列的小配饰要把印有英文LOGO的图案正面展示给顾客；货量丰满，规格齐全；挂装出样的货品要熨烫平整，且出样整齐大方；服饰吊牌要隐藏起来，不要外露；叠装的基数要保持一致，切忌高低不平；衣架的朝向要一致；服饰折叠整齐，从上到下由小到大，并保证规格齐全；店铺所有应季货品应通过恰当的方式在货场表现出来；侧挂的最后一件应反转挂，使之正面朝向顾客；时刻保持货场干净清洁，道具、镜面、玻璃等处不应有污渍；宣传品使用准确到位，并保持整齐干净。

五、服饰陈列管理细则

1. 总则

（1）以产品为核心，保证店面整体展示的简洁、明了、合理有序，促进销售的达成。树立明确主题，围绕主题展示产品，强化产品风格。站在顾客的角度和立场观看，审评展示效果，保证展示符合品牌及发展所需。通过展示将品牌的功能化、逻辑化、魅力化赋予生命力，让顾客感受到在店内购物是一种享受。

（2）陈列部具有监督、管理、评核的职能。

（3）陈列部有权定期或不定期地对店铺巡查工作。

（4）陈列部工作有独立性、客观性、允许性，贯彻独立性原则、政策性原则、服务性原则。

（5）陈列部对各部门都要义务协助和积极配合工作。

（6）陈列部工作的制定与部署，报总经理审批，接受总经理委派。

2. 陈列工作范围与内容

1）陈列工作范围

（1）新店开业工作程序。

（2）店铺日常维护程序。

（3）陈列指引程序。

（4）陈列员工作程序。

（5）陈列培训程序。

（6）店铺监督程序。

2）陈列工作的主要内容

（1）每年度陈列手册的编辑。

（2）每季度陈列指引应用说明。

（3）新开业店铺的物料配备与陈列。

（4）日常店铺形象巡查：卫生、员工仪容仪表、卖场陈列、货品色彩摆设、橱窗陈列。

（5）店铺日常陈列知识培训。

（6）公司组织大型陈列知识培训。

3. 新店开业工作流程

1）新店开业工作流程图示（图4-4）

拓展部确定新开业店铺 → 店铺形象设计 → 店铺陈列方案设定 → 验收陈列方案 → 店铺陈列与培训

▲ 图4-4 新店开业工作流程

2）作业说明

（1）销售中心拓展部根据公司的加盟制度，对加盟客户所提供的开店位置进行评估，确定加盟客户符合加盟条件，即拓展部向相关客户转达店铺形象设计。

（2）新开业店铺形象设计应根据开业店铺的资料（会派室内设计师到店量度）尺寸、陈列部出店铺陈列方案、平面设计师出POP方案、市场部配发物料来准备。

（3）店铺设计方案的设定是根据室内设计师平面装修图的情况对店铺（货架备量、模特备量、货场货架摆设、货品摆设）做出相应的方案设计。

（4）市场部在新店开业前5天要对新店的开业所需的物料进行验收，确认开业店铺的所有物料（货架、模特、头门、POP、辅料）到位，并托运到客户手上。

（5）新开业的店铺员工必须在开业前3天集中接受公司的培训，使得每一位新员工都了解并执行公司的形象要求。

4. 陈列指引程序

1）总则

（1）公司各店铺的店内、外陈列统一，形象以程序化、标准化执行到位。

（2）店铺陈列的规定与模式均以陈列手册为准。

（3）结合每季度的货品主题与广告主题的方向而定制，内容包括橱窗陈列、货品摆放、高架陈列等。

（4）陈列手册为服饰中心文件管理之一，由服饰中心发放与归档。

2）陈列手册制作基本流程图示（图4-5）

陈列部编写 → 销售部设计 → 总经理审批 → 市场部印刷

▲ 图4-5　陈列手册制作基本流程

（1）陈列部编写阶段工作如下：

①明确陈列手册的性质。②制定陈列手册项目计划。③确定陈列手册的编制内容。

（2）销售部设计阶段工作如下：

①以品牌风格结合店铺的实际情况审阅手册。②审阅手册的可操作性。③确定可执行性。④收集各部门意见，积极采纳并及时修正手册。

（3）总经理审批内容。

①听取总经理审批意见。②下达总经理审批决定，同时通知各部门执行日期。③审批资料归档。

（4）市场部统计店铺数，印刷并发送到各店铺。

（5）陈列手册使用规定。

①新入职陈列员与客户主任必须要了解并熟悉手册的使用范围。②店铺的陈列以手册规定为准。③手册只供服饰中心内部员工使用，不得转借他人。

3）每季度陈列指引图示（图4-6）

陈列部编写 → 销售部讨论 → 总经理审批 → 市场部印刷

▲ 图4-6　季度陈列指引

（1）陈列部编写工作。

①以陈列手册为基准，结合货品开发主题编写。②编写内容主要是围绕货场陈列，包括：橱窗陈列、货品陈列、高架陈列、POP陈列、模特陈列。

（2）销售部讨论内容。

①审阅陈列指引与货品开发主题是否双符合。②审阅陈列指引的可操作性。③确定陈列指引可执行性。④收集各部门对陈列指引的意见，对正确意见要采纳并及时修正陈列指引。

（3）总经理审批内容。

①听取总经理审批意见。②下达总经理审批决定，同时通知各部门执行日期。③审批资料归档。

（4）市场部统计店铺数印刷并发送到各店铺。

（5）陈列指引使用规定。

①陈列指引印制成册，并发送到每家店一本。②有陈列员与客户主任（督导）到店铺协助店铺执行。

5. 陈列员工作程序

1）总则

为使工作制度化、规范化、科学化地运作，并提高工作效率，特制定如下细则。

2）新店工作流程

（1）制定开铺计划。

（2）落实店装修所需时间。

（3）协助客户进行员工招聘。

（4）落实市场部平面设计师出最后设计方案。

（5）落实店铺货架铺场数量、陈列方案与模特数量。

（6）收集客户资料（姓名、电话、地址、店铺、传真）。

（7）落实文员配备开铺物料、货品数量、出货日期。

（8）确定出差日期。

（9）制定开业陈列模式。

3）出差前的准备工作

（1）与市场部确认货架（模特、形象画、到铺日期）。

（2）与文员确认开业店铺货品、物料是否齐备。

（3）安排开业店铺前往总公司接受店铺管理培训（约开业前一星期）。

4）到店后的工作

（1）进行全面验收货场并监督货架公司安装货架。

（2）进行店长及员工培训。

（3）点收来货（货架、模特、物料、货品）。

（4）按陈列模式布置货场。

5）开铺后的工作

（1）根据店长、员工表现，结合实际情况加强店长及员工再培训。

（2）指定店长或收银员正确使用日常表格。

（3）做好记录工作，以便日后跟进。

6. 日常店铺形象巡查程序

1）总则

协助店铺根据公司的形象要求，管理、维护、监督，使各店铺形象统一。

2）出差申请流程图示（图4-7）

制订出差计划 → 填写出差申请 → 上级审批 → 出差汇报

▲ 图4-7　出差申请流程

（1）陈列员可根据实际情况制定出差计划。

（2）提前填写《出差申请表》，于出差前一天给上级审批，否则不能出差。

（3）出差人员如出差超过其所申请的日期，出差人必须以口头电话形式向上级汇报，出差回公司后再补写出差申请;出差人未经批准不得自行出差,违反者将按公司处罚标准处罚。

(4)陈列员出差回到公司必须把有关巡店事项以表格、报告形式向上级汇报。

3)到店后工作

(1)按公司每季度所出的陈列标准对店铺进行评审并对执行力进行记录。

(2)除了对店铺进行评审外,陈列员还需要对店铺员工的仪容、仪表、陈列知识进行评审,并根据店铺的实际情况对员工进行培训。

(3)收集市场专卖店形象最新动向。

4)巡店工作汇报

(1)陈列员巡店回公司后必须把巡店表交到上级审阅。

(2)陈列员对巡店中形象优秀或不合要求的店铺以申请的形式向上级申请奖励或处罚。

5)填写巡店工作小结

工作小结如表4-3所示。

表4-3 巡店工作小结

巡 店 工 作 小 结			
店铺:		日 期	
地址:		联 系 人	
陈列师:		陈列助理	
内 容		评 估	
		yes	no
店外:			
1.橱窗(灯箱或海报的尺寸?)			
2.橱窗是否干净?			
3.地面是否干净?			
4.模特看上去是否生动?			
5.模特穿着的衣服是否充分考虑了销售?			
6.一组模特是否展示了同样的主题?			
7.模特的底座是否正确摆放?(与模特台平行或与墙面平行)			
8.模特身上的配饰是否与模特穿的主题一致?			
9.模特身上穿的衣服是否容易在店里找到?			
10.模特的发型是否经过打理?			
11.模特的装饰品是否与公司所要求的一致?			

（续表）

内　容	评估	
	yes	no
12.橱窗模特所穿着的上衣、裤子是否有价格标签露在外面？		
13.导购是否站在店里适当的位置？他们是否欢迎你们和客人的到来？		
总评（在本段内容中有多少个问题的答案是yes）：_____		
店内：		
1.店内主题的陈列位置是否考虑了该主题的货量及销售情况？		
2.店内色彩的划分是否清晰？		
3.店内色彩的划分是否考虑了该颜色的货量及销售情况？		
4.销售前十名的货品是否陈列在A区？		
5.货量大的货品陈列在什么位置？		（照实填写）
6.在B区域C区陈列了什么货品？		（照实填写）
7.店内的卫生情况如何？		（照实填写）
8.店内的装饰品是否按照公司的规定进行陈列的？		
9.陈列桌是否展示了足够多的款式？主题是否清晰？是否有搭配销售？		
10.挂通陈列是否展示了足够多的款式？主题是否清晰？是否有搭配销售？		
11.形象墙是否展示了足够多的款式？主题是否清晰？是否有搭配销售？		
12.店内是否有充足的货品？		
13.灯光照射的位置是否在货品上，是否足够充分？		
14.店内是否有很多断码的货品？		
总评（在本段内容中有多少个问题的答案是yes）：_____		
配件板：		
1.配件板的陈列是否丰满还是过于拥挤？		（照实填写）
2.配件的摆放是否整齐有规律？		
3.配件的展示是否突出其款式？		
总评（在本段内容中有多少个问题的答案是yes）：_____		
活动：		

（续表）

内　　容	评估	
	yes	no
1.活动POP是否陈列在正确的位置？按照公司的统一标准陈列？		
2.本店内是否有过期的POP？		
3.本店内的品牌画册是否过期？		
4.本店内的海报是否呈现正确的状态？（无卷边、无气泡等）		
总评（在本段内容中有多少个问题的答案是yes）：_____		
试衣间：		
1.地面和墙是否干净无尘？		
2.试衣间墙面是否需要粉刷？		
3.试衣间里面的鞋和凳子是否按要求摆放？		
4.试衣间的灯光是否有损坏？		
总评（在本段内容中有多少个问题的答案是yes）：_____		
库房：		
1.是否能够一目了然？		
2.库房是否干净整齐？		
3.库房内是否有未出样的款式？		
总评（在本段内容中有多少个问题的答案是yes）：_____		
店内陈列助理：		
1.当你到店时她是否在场？		
2.她的陈列水平如何？		
3.她是否对陈列有兴趣？		
4.她是否清楚店内的库存以及销售情况？		
5.你不在店内的时候她如何维护陈列？（请在备注里面说明）		
总评（在本段内容中有多少个问题的答案是yes）：_____		
导购：		
1.导购员的工作态度是否积极？		
2.是否了解新品上市的陈列及搭配指导？		
3.是否清楚每款衣服的卖点？		
4.是否了解当季的主题和流行？		

（续表）

5.是否清晰店内的销售情况？		
6.是否穿着整齐，形象整洁？		
总评（在本段内容中有多少个问题的答案是yes）：_____		
音乐：		
1.店内是否播放合适的音乐？		
2.播放的音乐大小是否合适？		
总评（在本段内容中有多少个问题的答案是yes）：_____		
本次陈列的出发点： □新货到店，需要大调 □打折时期，重新分区 □太多库存，重新调整色区 □少量新货，小调 □道具调整，重新布局		
对店铺整体的感受和建议（员工状态、店面形象、货品陈列及安排）： 1. 2. 3.		
陈列师签名：		
店长签名：		

7. 奖罚条例程序

1）总则

为保证公司终端专卖店陈列形象统一，加强对终端店铺的监督，检查店铺或客户主任是否认真贯彻公司的决策、方针、计划和各项规章制度，促进店铺客户主任各项工作，根据公司的指示，陈列部制定本条例，对严格执行的优秀店铺和违反公司规定的店铺，作出相应的奖励和处罚。

2）奖罚条例流程图示（图4-8）

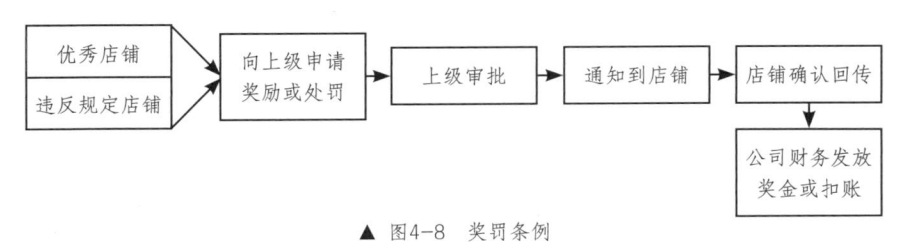

▲ 图4-8 奖罚条例

（1）根据店铺对奖罚条例的执行情况分优秀店铺、违反规定店铺。

（2）陈列员出差巡店回公司后根据店铺的情况向上级申请，奖励或处罚店铺。

（3）奖励或处罚通知未经陈列员上级审批不得下传到店铺。

（4）经陈列员上级审批后，由陈列员下传到店铺。

（5）店铺确认后由客户主任监督回传公司。

（6）陈列员把相关的店铺确认回传交给公司财务，公司财务确认后发放奖金或扣账。

8. 陈列培训程序

以店铺实例配合理论知识，通过有系统、有条理的方法使店铺学员在培训中学习到服务理念和品牌文化，达到促进商品销售、树立品牌形象的目的。

1）店铺培训内容

（1）陈列员根据陈列手册进行针对性的培训。

（2）店铺可向公司申请陈列员到该店铺培训。

2）公司组织培训内容

（1）公司会不定期举行大型培训课如新入职员工培训、店铺精英培训等。

（2）公司根据店铺信息反馈，制定更多对店铺有益的培训。

实训操作

【实训名称】某品牌男装2015秋冬季陈列策划方案

【实训目标】根据陈列管理相关知识内容的学习，能够结合企业实际情况，帮助企业制定切实可行的陈列策划方案。

【实训组织】以6~8名同学为一个操作小组，确定小组成员不同分工内容，完成该项工作任务。

【实训考核】小组代表上台演示汇报，其他各小组分组打分。同时结合教师打分，选出班级优秀方案推选企业，由企业专家指导点评。

任务二　服装商品的陈列维护

任务描述

随着教师节的到来，某品牌专卖店推出了一系列的促销活动，如夏季产品6~8折清仓销售，秋季新品在9折的基础上，凭教师证可再享9折优惠，并赠送保温水杯。为了提高销售量，请你基于上述促销要求,认为店铺该如何进行陈列维护。

首先,应该了解卖场陈列管理应遵循的原则,在此原则基础上,进行店铺产品的有效陈列维护。

其次,结合本次店铺销售背景,即"教师节"的到来,从主客户群教师延伸至各类相关白领人群,做好店铺陈列维护。

最后,从店铺整体出发,兼顾各个局部,如门面、橱窗、店堂、收银台、试衣间等做好店铺陈列维护。

知识准备

一、卖场陈列管理应遵循的原则

(1)争取最大陈列面积。陈列面积越大,产品被寻找的机会就越高。

(2)陈列区域尽量整齐。将产品摆放整齐形成一个面,让消费者从远处就能看到。消费者是由远处到近处接近产品的,因此好的陈列是从远处就能够分辨出。

(3)要保证单一品种的足够陈列面积。一个品种的产品陈列面积太小,不容易对消费者产生吸引,更不容易让消费者产生信赖。

(4)将最好销的品种或主推广产品放在最好的陈列面上。最佳陈列位是与视觉高度平衡地方。俯视或仰视的角度越大,位置就相对越偏。

(5)产品的排列要按照上小下大,上轻下重,邻近的颜色排列在一起,色彩逐步过渡的原则。

(6)根据产品出厂日期及时调整陈列。产品陈列要将时间靠前的产品放在前排以保持产品的正常流转。如果不坚持先出厂先销售的原则,往往会成为积压和退货。这种情况绝不止发生在保质期较短的视频、饮料,同样也发生在服装行业。消费者总是希望买更新鲜的东西,如果不主动将先出厂的产品放在最前面,慢慢就会有产品被积压下来直到退货。

(7)及时调换破损产品。某一品牌的服装在终端销售额突然下滑,前往调查才发现其中有一服装由于人为破坏的原因造成款式破损,厂家没有及时将该产品调换下柜,所以消费者就以此认定该品牌服装存在质量问题。这样不但影响了销售,也损害了品牌形象。

(8)保持产品的整洁。保持产品表面的干净,在顾客讲陈列产品弄乱的时候,要及时恢复为整齐地排列,始终给消费者良好的产品形象。

(9)二八原则。卖场必须注意20%主打货品的陈列,尽量以最少款式,配以重点推广方法,打造最高业绩。目的:将畅销货品摆在最显眼的位置,以吸引客人,店内20大款式应占业绩的80%左右,换句话说,就是以最少的款式,做最多的销售。

二、陈列的维护

1. 门面

（1）招牌保持干净、完整，晚上打亮，定时进行清洁。

（2）有户外灯箱的，应日夜打亮，每天保持洁净。

（3）门口促销POP挂牌保持对称、整齐，关店后取下。

（4）门口地板胶垫保持位置正确，有损坏应立即更新。

2. 橱窗

（1）玻璃必须每天清洁并保持干净，不可有灰尘和污渍。

（2）橱窗旁不可有杂物堆放。

（3）挂画或道具必须保持原样，有损坏应立即修补或撤换。

（4）灯光日夜不可熄灭，光线必须照向画面及样衣。

（5）展示的货物必须及时整理，把产品最好的一面展现给消费者。

3. 店堂

（1）样品要保持干净，根据店堂所处位置、灰尘的多少、人流量的大小，每天清洁1~2次。

（2）货品按陈列标准数量放置，颜色顺序从外到里由浅到深放置，做到色调整齐，统一搭配合理，衣架方向统一。

（3）销售过程中应尽量把样品卖出，然后立即补上。

（4）销售当中被顾客弄乱的陈列品、促销品、宣传页，必须立即恢复原状，保持店堂形象。

（5）污渍货品或次品，不可置于卖场内，若有小毛病，如油漆缺陷等，在修复后方可在卖场展示。

（6）所有货品必须价目牌整齐、价格准确，海报陈列必须干净、整齐，发现破损、缺漏应立即解决补换。

4. 收银台

（1）收银用品物料必须摆设整齐。

（2）非常用物品置于收银台下方，台面上禁止乱发杂物。

（3）收银台在开铺前打扫干净，台面须保持无灰尘。

5. 试衣间的设计

（1）试衣间与卖场大小相适应。

（2）内部干净整洁。

（3）要有合适的光源。

店铺的陈列第一要求是整齐干净。这需要所有店铺人员的共同维护，店长应主动培养并提高每位店员的陈列意识，随时随地维护好店堂陈列的外观形象，保持整齐干净。领班应在每天早会时强调陈列的维护工作，从而让每位店员养成良好习惯。

实训操作

【实训名称】某品牌店铺"教师节"陈列维护方案

【实训目标】根据陈列管理相关知识内容的学习,在教师节期间,深入当地品牌服装店铺,根据店铺实际陈列现状,制定具体陈列维护方案。

【实训组织】以6~8名同学为一个操作小组,确定小组成员不同分工内容,完成该项工作任务。

【实训考核】小组代表上台演示汇报,其他各小组分组打分。同时结合教师打分,选出班级优秀方案。

项目五　服装商品的专题陈列赏析

专题一　女装卖场陈列

案例导入

E品牌陈列赏析

品牌文化和品牌定位

E品牌创立于1996年,秉承创新价值追求、肩负传承东方文化的责任,十多年来一直致力于将原创精神转化为独特的服饰文化以及当代生活方式。E品牌是中国现存时间最长也是最成功的设计师品牌,目前在全国各大城市拥有约70家专卖店。

E品牌外相信女人没有缺点只有特点,衣服是表达一个人个性与品位素养的媒介。品牌为当代中国女性展示了一种现代生活意识:独立并且热爱生活;对艺术、文学和思潮保持开放的胸襟;从容面对自己、面对世界,懂得享受生活带来的一切并对这种生活方式游刃自如。凭借其特立独行的哲学思考与美学追求,E品牌成功地打造了一种东方哲学式的当代生活艺术,更赢得海内外各项殊荣与无数忠诚顾客的喜爱。

终端设计理念

E品牌在深圳君尚百货终端店铺的陈列设计进行了材料上的突破,采用了环保材料——竹条。层层叠叠的原色竹像如同有生命、能呼吸的植物,包裹着流线造型的墙体,蔓延于整个店铺,阶段性地遮挡着顾客的视线,增添了店铺的神秘感。品牌坚持对生态的关注以及对材料的精研与突破,不仅涉及商品本身,而且所有的细节都考虑周全,让人感动于这份执著与坚守。

淡化橱窗概念

E品牌终端几乎找不到传统意义上的橱窗,没有海报、没有夸张道具和鲜艳色彩的使用,顾客可以感受内心的安静,两三组人体模型组合早已融入卖场,成为静态风景,不存在半点刻意招揽。

最质朴的人模

选择统一基础姿势的亚洲肤色人模,消瘦脸型,无彩妆、无假发,符合品牌定位,并且能让顾客更多地关注商品本身。

艺术感的组合搭配

按照设计师的原则,成系列去做组合搭配,且公司提供详尽的陈列搭配手册,精准到褶皱的处理、围巾的垂放长度等。终端不仅展示例外品牌的风格,更是为了向顾客提供合理搭配技巧。

正挂的陈列手法

按照主题系列出样,尽管陈列方式为平挂正面展示,但对陈列的要求更高,针织类服装需要平衡衣架的角度,裤类需要严格控制吊挂比例。

陈列色彩:通常按照色块交叉穿越的方式出样。

陈列方式:通常按照轴对称的方式陈列服饰。

店铺的区域划分

通道:卖场内部为流线型的单通道,曲折回环的设计思路,简约的吊挂架分布在通道两侧,打造出艺术展的氛围。

试衣间:摆放大面积无框试衣镜,其白色的试衣间和棉质围帘,对店铺后期的维护提出了很高的要求,同时也凸显出品牌对生活品质的追求。

休息区:休息区营造出舒适清爽的家居氛围,背景格挡内的书籍和绿色植物看似随意罗列堆积,却烘托出浓厚的书香气息。

陈列出样原则

侧挂按照服装设计系列单件出样,色彩上深浅相间,前后服装要具有可搭配性,相关配饰也可以穿插其中。

市场活动商品陈列

每年的五月中旬到六月初,E品牌都会推出不同形式的天使活动。活动的主题内容充满了对生活的热爱以及感恩的情怀,使得展台上很质朴的陈列方式也能引起顾客内心的共鸣。带有天使翅膀造型的T恤每年都会更新设计,与主题呼应,原创性的海报和包装设计也是E品牌每天为顾客精心准备的一份天使礼物。

陈列效果维护

E品牌店铺的每一个店员都需要对品牌服装设计主题及风格有深刻的领悟,在此基础上才能做好陈列的维护。每批商品到店时,都会配送陈列手册,其中包含人模搭配、正挂出样和侧挂陈列的参考范例,并附加详细的商品介绍(款号、价格、面料和设计要点等)。

E品牌采用远程的陈列管理方式,店铺工作人员把终端陈列图片发送给总部陈列负责人,通过邮件进行反馈、跟进及调整,使终端保持统一的品牌风格。

视觉营销——E品牌的长期发展

E品牌欲成为中国顶尖的时尚品牌,除了必须帮自己找到一个顶尖的销售伙伴外,还需要长期不断地建构其品牌营销策略(品牌营销策略不一定是描述其某种特定的状态,它更可能是一种传播策略、商品策略、通路策略或者定价策略等独特的操作策略)。

通过长期持续而有策略的做法,E品牌已逐步描绘出属于自己的品牌文化,这样可以让品牌的内涵形象深植人心,创造更多的品牌价值(Brand Value),累积更多、更大的发展能量。

E品牌陈列展示组图

▲ 图5-1　凹凸背景墙形成不规则的展示空间，书籍有正、侧、堆的陈列方式，开放式空间使顾客有翻阅浏览的冲动，这种"互动体验"的方式传达品牌的时尚概念

▲ 图5-2　内场模特出样较少，侧挂服装容量在10件左右，坚持按照服装设计师的主题系列搭配方案组合出样，给顾客原汁原味的例外风格

项目五·服装商品的专题陈列赏析 129

▲ 图5-3 模特组合间距相等，完整的配饰搭配，甚至精确到每个褶皱的细节，这种态度通过服装、姿态和生活形态展现在众人面前

▲ 图5-4 极其简单的展具与背景墙，甚至没有大量的基础照明，只运用重点照明，凸显服装才是内场的主角，使其成为静态的艺术品

▲ 图5-5 正挂组合是E品牌的经典展示方式，白色内搭、腰带、帽子、围巾、靴子等多种色彩交相呼应，系列感与人物主题生动鲜明

▲ 图5-6 试衣区域空间开阔、色调一致：米色的地板，原麻色沙发座，整体试衣镜红铜包边，麻质纹理壁纸，咖啡色棉布帘，没有任何浮躁的设计，有的只是恬静温暖的感觉

▲ 图5-7 模特沿用亚洲肤色的清秀素颜面孔，服装面料的材质肌理、造型结构在光影中，具有雕塑般的美感

小结

通过每一季、每一年以及每一个阶段计划性的操作执行，E品牌被一步步建构。一个橱窗展示的概念、一份形象画册（Image Book）的设计或者一次新装发表秀的主题及形式设定等，E品牌珍惜每一次和消费者沟通接触的机会，持续累积品牌的时尚知名度及偏好度。

E品牌向消费者展示了具有吸引力的店铺形象（Shop Image），让消费者每一次进入例外商店空间时，都能够拥有完整而美好的"例外体验"。

知识链接

高档女装一般指以高级成衣为代表的、强调设计创意，在经营上以设计师品牌为主的高档服装。高档女装在造型、选材和制作上均融入了相当可观的创新意识和审美成分，注重文化品位和内涵；在使用场合、目的上，高档女装体现了文明社会社交礼仪的一种需要，强调着装的地位与身份。高档女装因其价格昂贵和特殊的市场定位，在营销上也不同于其他类别的服饰，通常以专营店的方式进行。高档女装店的设计，应以追求品位、个性，体现精致、高雅风格为原则，在整体感和艺术氛围方面非一般服装店可比。

如何进行女装陈列,这也是每一个开女装实体店的新手客户在进货之后遇到的问题。下面就给大家介绍以下几个陈列方法。

一、根据同款式不同颜色或者同款式同颜色进行陈列

女装的单杆陈列法:女装大都是分系列的,每系列一般有 2~3 个色,在多数女装中,一个单杆一般陈列一个系列主题的产品。

二、分类的摆放方法

可将货品以 T 恤、毛衣、衬衣、裤类、配饰、正装、风衣、大衣等进行分类陈列,并将上下身分开陈列。这组陈列法可以让顾客直面选购方向,并可进行对比选择。

三、整套陈列

例如在套装里搭配衬衫、领带、腰带等,让顾客可以对搭配的整体效果一目了然,并与色彩法相结合。这需要搭配者具有一定的着装经验和时尚感,搭配的最主要目的是使顾客能够看到一套服装穿着时的最佳效果。

专题二　男装卖场陈列

案例导入

Y 品牌陈列赏析

陈列规划

Y 品牌东单旗舰店将进行第三次装修,与前两次聘请法国和意大利设计师担纲设计不同,这次的风格设计是由品牌自己的设计师完成的,旨为将其打造成四大职能中心(展示中心、销售中心、顾客服务中心、时尚信息集聚中心)合一的旗舰店。

展示中心

东单旗舰店为 Y 品牌华北地区的展示中心,旗下的 6 个子品牌在此均有陈列。在灯光规划方面,采用轨道带射灯,可以保证重点照明的数量与角度,能动性非常强,板墙则使用漫反射冷色光源。陈列手法多采用对称和重复的方式,层板展示物尽量简约化。一般衬衫、裤子两件出样,西服三件出样。

领带专区的陈列方式：由暖到冷过渡渐变，减少展示数量，同时，使得衬衫的价值感大大提高。衬衫展示专柜和精品展示专柜使用冷色光源和侧挂方式，衬衫均两件出样，饰品按照系列出样。

销售中心

作为品牌旗舰店，东单旗舰店也承载着产品销售的职能。由于Y品牌旗下各品牌在此均有展示，货品比任何一个商场都更为丰富，所以东单旗舰店也将成为北京地区最主要的销售中心。

重点形象展区采用内置橱窗概念，将人模、侧挂、层板多种展示方式融为一体，形成静态的完整搭配方案，有效避免正装系列展示的枯燥单调。

汉麻产品是Y品牌独家拥有的绿色环保类产品，具有舒适和清新的特征，因此陈列方式质朴环保，只利用光源勾勒出白色背景墙的线条。三角支架的原木侧挂杆和原木质感的衣架也体现出质朴环保的特征。服装多按照色彩分区，单件出样。

顾客服务中心

Y品牌认为现在顾客的需求是多层次的，越来越多的顾客需求倾向于个性化。在这里，顾客不但可以买到成品服装，还可以享受个性化的定制服务，其目标是让男性在服饰上提出的所有要求都能够得到满足，因此东单旗舰店也成为顾客服务中心。

Y品牌旗下量身定制的品牌MAYOR，给顾客提供最体贴入微的个性化会所式服务，只要留下身型数据，不论在全球何地，顾客只需要打个电话，雅戈尔就能够根据存档资料为其制作出量身定做的服装。

Y品牌认为着装是一件很专业的事情，不同的风格、不同的面料、不同的色彩以及不同的板型在着装的展示上都会表现出不同的感受，甚至顾客的脸型、发型、肤色深浅以及是否戴眼镜都与服装的搭配有关联。为此东单旗舰店备有专门的设计师和搭配师，帮助顾客搭配服装，提供最专业的服务。同时，陈列层板区域多品类的商品展示方案也与这项服务相配合。

时尚信息集聚中心

Y品牌旗舰店也将成为时尚信息的集聚中心。品牌与顾客是互动的，顾客反馈的信息将成为Y品牌服装设计和生产的重要参考。

Y品牌陈列展示组图

▲ 图5-8 同种面料或款式的服装色彩由浅到深的排列，中间穿插一些较重的颜色，可以给人感觉品类丰富。通过颜色将单款模糊掉，让顾客有更多的选择余地，通过颜色吸引顾客

▲ 图5-9 以无彩色系为主，穿插蓝色的单品，简单明了。卖场隐藏的规律：单品颜色由浅至深，除掉蓝色以后是灰—黑，衬衫白—黑

项目五·服装商品的专题陈列赏析

▲ 图5-10　整体以黑白灰为主，配衬围巾的颜色，使整体更加活跃，打破这个无彩色系，同时创造让顾客停留的吸引点

▲ 图5-11　中岛陈列模特穿的衣服和裤子，把品牌和产品体现出来的感觉传达给顾客，点、线、面很好的结合

小结

Y品牌东单旗舰店的重装开业,是Y品牌由最大的服装制造企业向服装品牌企业进行战略转型的重要标志。Y品牌逐步摸索出自己的陈列风格,包含着多元开放的文化精神,稳重而时尚,回归自我。

知识链接

从严格意义上讲,男式服装特指西装、正装、礼服等正规服饰。但逐渐地,随着服饰观念的变化,其涉及的品类有所扩大,但仍然限于社交、商务用服饰。

男式服装形式相对单一,但以做工精良、用料考究为特点,适于品牌经营。男装一般以品牌形象为选材的重点,因此有"男装穿牌、女装穿款"一说。男式服装店的设计策略,必须以突出该服装品类的共性特点为主旨,同时要显示品牌的个性风格和形象特征。

男装陈列一般来说不需要很多花样,只是要体现出产品的特点,但是男装在基本陈列的时候要注重创新,体现出大气磅礴、高雅尊贵的特点。在很多时候男装风格体现的是种简约休闲、沉着稳重的风格,在店铺陈列当中要注意遵循服装风格和品牌文化诉求。

一、男装陈列时要注意的问题

1. 休闲装和正装分区

一般对于男装来说,大的风格划分是休闲风格和正统风格,分区的合理性体现的是整体大气的感觉,如果衣服混杂地放置和陈设,将会给消费者带来低档的感觉而损害品牌的形象。对于不同的季节,休闲服装和正统服装的区位也有所不同,要根据季节和货柜的位置适当地陈列。

2. 男装陈列店面要宽敞干净

店面的宽敞干净给消费者的感觉是整洁、舒适、高档,拥挤的环境给顾客带来压抑的购物氛围。在宽敞的环境里顾客的感受要自由、轻松一点,顾客挑选和管控衣服也会比较方便一点。在店铺里面适当安排个休息区,放置沙发、茶几等家具,给顾客以温馨的感觉。

3. 色彩、款式搭配要和谐

搭配和谐是男装店铺服装要做的重点,但是很多店铺忽略这个细节,可能和陈列师的专业水平有关。有些店铺在陈列西服的时候,很容易忘记搭配衬衫和领带,导致整个货柜的陈列色彩比较偏暗。如果在西服里面陈列衬衫和领带,不仅色彩明朗,有明暗对比,也能促进领带和衬衫的附加销量。还有的男装店铺,休闲裤下面放置一双正统的鞋,这对有些顾客来说,容易造成他们对这个品牌服装的"另眼相看",会感觉品牌的品位有问题,衣服在陈列时候要注意和讲究什么样风格的产品搭配同样风格的服饰品。

4. 橱窗展示要醒目

橱窗是店铺的眼睛,更是店铺的形象代言,橱窗陈设精致,模特穿衣完美,会给顾客留下美好的印象，从而记住这个品牌。顾客当时虽然没有进店买衣服，但以后是有可能的。一些世界顶级的男装品牌，其橱窗展示为其带来不少效益，可以很好地将品牌广告打出去，并有效带动店铺内产品的销售。

5. 焦点区位的合理应用

在顾客进入店铺时，顾客的正对面和顾客右手边的展示墙，是顾客眼光最容易看到的区域，这也是店铺销售很好的区域。在这一区域，要陈列应季的新品、特色主推的货品或促销的货品，以全面提升销售力。

二、男装陈列法则

1. 稳健陈列法

男装多以稳健的文化为主题，重点体现男性的性格特点。在橱窗的陈列中，陈列师应当结合各种方法体现服饰的陈列主题。

2. 抽象陈列法

用于男装陈列的道具与饰物都是男性专用品或标志性商品，这些道具与服饰结合的方法与女子橱窗的陈列一样，都兼具商品性与展示性，陈列师应当充分利用好这一点。

3. 正装与道具结合的陈列法

正装与道具的结合在男装的橱窗陈列当中可以经常看到，这种方法可以全面并且直观地表达出男装品牌理念。

4. 空间艺术陈列法

空间艺术陈列法是充分进行空间再塑造的方法，在有限的橱窗空间内发挥想象力，创造一个全新的空间，以此来表达服饰所具有的独特性。在空间陈列中，用一种寓意的方式来表达特殊的陈列语言，操作上虽然具有一定的难度，但是受到很多有实力的陈列师的青睐，并且成为他们常用的陈列方法。

5. 简约风格陈列法

简约风格是男性追求的一种生活态度，在简约当中体现男性的大度与阳刚之气，不需要太复杂的道具，只用简单的模特与灯光就能够很好地体现。简约风格陈列法对色彩与灯光的要求都比较高，如果达不到这两个要求，陈列的效果就会逊色很多。

6. 生活行为陈列法

男性的生活行为很早就被运用到橱窗陈列中。这种方法能够充分地体现男装的特点，而且也是品牌表达自己设计风格的重要方法。生活行为陈列法需要将橱窗的空间进行生活化的装饰，对灯光与道具的应用会比较多，目的是为了形象、逼真地体现出男装的生活化特性。

专题三　休闲运动装卖场陈列

> **案例导入**
>
> A 品牌陈列赏析
>
> A 品牌作为全球知名的运动休闲品牌，目前旗下拥有三大系列：运动表现系列 performance（三条纹）、运动传统系列 originals（三叶草）和运动时尚系列 style（分三个子品牌：Y-3, SLVR, adidas）。
>
> A 品牌经典三叶草从 1972 年开始成为 A 品牌的标志，当时所有 A 品牌产品都使用这一标志。三叶草的形状如同地球立体三维的平面展开，很像一张世界地图，它象征着三条纹延伸至全世界。但从 1996 年开始，三叶草标志被专门使用于经典系列 Original 产品。经典系列是选择 A 品牌历史上最好的产品作为蓝本，在对其面料和款式进行略微修改之后重新发布的。整个系列更趋时尚化，产品包括鞋、服装及包袋等附件。
>
> A 品牌门店非常注重运用模特展示运动服装以吸引顾客眼球。

一、模特展示的重要性

模特陈列是营造吸引顾客购物的焦点。创建一个有趣的可以吸引顾客的模特陈列，可以避免顾客在店内长时间逗留的视觉疲劳；可以提供给顾客一个简单自然的直观感受并且为顾客的选择提供了指引。模特陈列应该尽量突出焦点及热销产品，这样可以将顾客的注意力吸引到店内的指定区域。

二、模特着装要求

（1）选择同一系列的服装。

（2）选择新货和有特色的服装，避免穿着基础款。

（3）在模特身上展示科技含量高及价位高的产品。

（4）结合配件出样，模特穿着人性化。

（5）成组出样，并且不要像士兵般的摆放。

（6）模特展示的产品陈列在附近区域。

（7）灯光直接照射在模特身上。

三、模特搭配技巧

1. 色彩的组合方式

（1）模特成组陈列，上装采取同一色彩明度，下装采取同一色彩明度（即上浅下深或上深下浅）。

（2）模特上下搭配成 X 式色彩交叉（图 5-12）。

▲ 图5-12　X式色彩交叉

（3）利用里外套穿形成内外色彩交叉或通过搭配对比配件达到色彩平衡（图 5-13）。

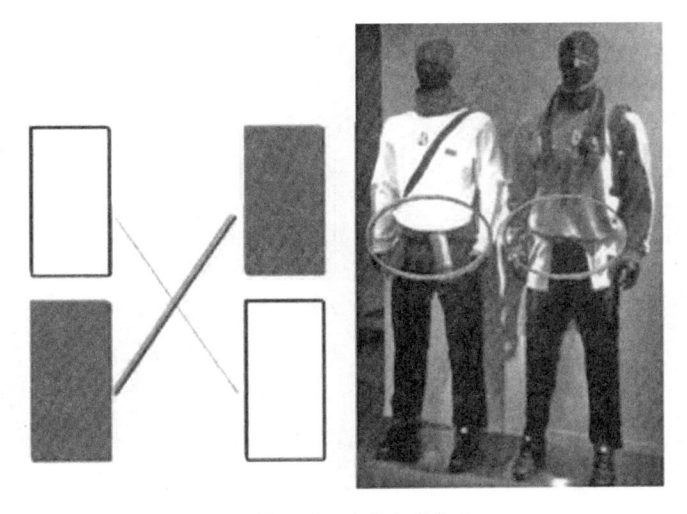

▲ 图5-13　内外色彩交叉

2. 服装搭配风格

（1）参与推广活动时：两两成组的模特穿着推广货品，以突出主题；三个一组的模特可以左右两个保持一致，中间模特服装以对比分割。

（2）模特穿着专业运动服装时：风格应显现模特的运功感以及服装和鞋的高科技含量；模特上下装要有一定的色彩对比。

（3）模特穿着休闲风格服装时：搭配需要表现出专业服装的休闲效果，避免无搭配的死板陈列。

3. 配件搭配技巧及陈列细节

（1）模特不应单独陈列服装，可搭配与服装色彩成组的各种配件。

（2）配件灵活的搭配在模特身上。

（3）出现在模特身上的各种配件均为 adidas 卖场销售产品。

（4）模特服装尺码的标准出样：

　　女子：服装 M-L　　　　鞋子 UK5.5

　　男子：服装 L-XL　　　　鞋子 UK8.5

（5）不建议在店内模特身上陈列佩戴非 adidas 品牌饰物，避免凌乱。

A 品牌陈列展示组图

▲ 图5-14　环形背景墙的设计模拟跑道的弧度，使跑鞋陈列呈现动感形象

▲ 图5-15　中岛陈列色彩丰富，层次鲜明，能吸引顾客眼球

▲ 图5-16　各种商品陈列简单明了，结构合理

▲ 图5-17 仿动态人物的中岛陈列，使整个卖场活跃起来

小结

A品牌借助模特展示，可以起到这样三个作用：一是增加商品展示的生活性，使之富有生活情趣；二是通过人体模特的展示，可以更加生动的表现服饰商品的款式、性能，充分展示运动服装产品的魅力；三是模特的展示也起到消费示范的作用，通过模特的款式色彩搭配，人们可以接收到最新的运动服饰时尚资讯，并可以从中学会穿衣技巧。

知识链接

从目前的市场状况看，运动品牌大致可以分为基础运动品牌、休闲运动品牌和专业运动品牌三种。基础运动品牌着重于对产品品质的表达，休闲运动品牌着重于对时尚元素的表达，而专业运动品牌则着重于专业运动元素的表达。分类虽然不同，但其陈列总体上还是呈现出一些共同特点，这些特点与货架的材质、灯光的选用、地板和天花板的空间、产品自身特点等要素都密切相关。但是对于运动品牌的陈列而言，最重要的还是要突出表达"运动"这一感觉和主题，否则运动品牌和休闲品牌的陈列就可能区别不大。

任何一组陈列的主题其实都是空间的主题。因此，陈列并非单独存在的个体，它的风格要能够融入到整个店铺中去，要能够跟着整个室内空间设计的感觉走，在这点上运动品牌也不例外。在这个大的原则的限定下才能谈运动品牌自身的陈列设计和空间设计的特点。运动品牌在店铺陈列中经常会运用一些具有"指导性"的标识。例如,把慢跑系列产品的陈列背景设计成跑道,或者在鞋墙的最上面写上 running 的字样等。运动品牌的陈列道具含有运动的特征和元素,每一款道具至少要含有 1~2 点运动元素。

一、运动服陈列中运动感觉的表达方式

1. 运动感要靠陈列的层次感去体现

从大范围看,一家运动品牌的店铺内,天花板和地板的留白、选用色彩的相互映衬和呼应是体现层次感的一个非常重要的手段。不同色块的地板与天花板的对应会表达出不同的层次。具体来看,陈列中的层次感在很大程度上需要依靠产品的色彩去表达和调节。陈列中的层次区分、前进感、后退感、紧凑感、舒缓感等节奏感都需要用色彩的变化和搭配去体现。

2. 灯光是体现运动层次感的一个重要手段

通常情况下,要达到突出一组产品的特性也可以借助灯光的作用。例如,在一组产品中,分别运用 7000-7500Lx、4000-4500Lx、1500Lx 几种不同照度的灯光,其中,7000-7500Lx 照度下的产品就是着重想要表达的主题。由于灯光的作用,就使这一组产品相对于其他产品显得突出,从而达到强调效果。

3. 道具的选择也会影响运动感的表达

若陈列想突出表达户外运动的主题,可使用直板型货架,将该主题下的上衣、短裤、鞋、手套、包,甚至自行车灯道具搭配起来进行集中展示,而不必拘泥于上衣、鞋是否可以陈列在一起这样的思维。

二、运动服装陈列方法

1. 科学分类法

大多运动服装店经营的种类都比较多,从几十种到几百种不等,以扩大服务面和提高成交率。所谓科学分类法就是按照某种理性逻辑来分类的方法,如按年龄顺序排放,进门是少年装,中间是青年装,最里面是老年装或童装;又如左边是中档价位的运动服装,右边是高档价位的运动服装,最里边是提供售后服务的场所。科学的分类给顾客选购和店铺管理都带来了方便。

2. 经常变换法

运动服装店经营的是时尚商品,每刮过一阵流行风,服装店的面貌就应焕然一新。如果商品没有太多的变换,则可以在陈列、摆设上做一些改变,同样可以使店铺换一副新面孔,从而吸引顾客的注意力。

3. 连带方便法

将同一类消费对象所需要的系列用品摆放在一起,或者经常搭配的款式摆在一起,可以方便顾客的配套购买,这种组合商品销售的方法称为连带发方便法。如将运动鞋、运动外套和休闲衬衣、运动器材等摆放在一切,将秋冬外衣与帽子、围巾等摆放在一起。

4. 循环重复法

有些运动服装样式由于光线和周围款式的影响等原因而无人问津,这时可以将它们调换位置,与其他款式的运动服装重新组合,这样会产生一种新的艺术主题,从而增加售出的机会。

5. 衣柜组合法

每个季节,消费者的衣柜都是一次全新的组合,各种场合、各种用途、各种主题的款式丰富有序。都市生活节奏的加快,人们更需要衣柜组合设计方面的服务。

6. 装饰映衬法

在运动服装店做一些装饰衬托,可以强化运动服装产品的艺术主题,给顾客留下深刻的印象。如童装店的墙壁上画一些童趣图案,在情侣装附近摆上一束鲜花,在高档皮草运动服装店放上一具动物标本等,但注意装饰映衬法千万不可喧宾夺主。

7. 模特展示法

运动套装、休闲装和大多数时装都采用直接向消费者展示效果的方法销售。

8. 效果应用法

运动装的效果不仅仅靠运动服装款式形成,其他的很多相关因素都会影响到整体效果。如播放音乐、照射灯光、放映录像等,都可影响运动服装购买者的心情,当然也与商店的品位、商誉有关。

9. 曲径通幽法

古人有"曲径通幽处,禅房花木深"的美妙诗句。运动服装店的货柜布置要有利于顾客的行走,并可逐步走下去,给人以引人入胜的感觉。对纵深型的店铺,不妨将通道设计成S行,并向内延伸。对于方矩行场地的店铺,可以通过货架的安排,使顾客多转几圈,不至于进店后"一览无余"。

专题四　童装卖场陈列

案例导入

S品牌陈列赏析

Snoopy,一只世界知名的小猎犬,诞生于1950年,它的创造者美国著名漫画大师查理士·舒尔兹先生在花生村人物漫画里,创意了Snoopy与它的家族。到了1965年花生村人物被时代杂志选为封面人物,从此名声大开,创造了一个影响几代人的童话世界。长着大头和黑豆眼的Snoopy因其拥有诙谐、幽默、和善、勇敢、憨直的个性,喜欢做白日梦的性格,受到了全世界人们的喜欢。

S品牌定位于卡通、运动、休闲类童装,适合年龄2~14岁,既活泼又乖巧的帅气男孩和甜美女童。品牌将漫画的童趣,融入童装的设计理念中,在颜色、图案及款式的表现上偏向活泼、趣味、丰富的风格,并注入时下最流行的元素,凸显小孩子们活泼快乐的个性,演绎童装经典。

随着童装市场的不断繁荣,童装陈列也渐渐步入正规化。S品牌童装陈列不仅要在色彩的语言、道具的肢体语言上吸引儿童,更重要的是要在情感上虏获父母们的心。

重点陈列法

这种方法是利用橱窗展示突出表现其所要重点推荐的服装款式的一种陈列方法,也是主要进行童装品牌推广的一种陈列方法。其使用的道具在造型上要能够表现儿童的形态特点。重点陈列法在运用上表现的动作都是儿童在生活当中的一些姿势造型,这些都能够体现出其丰富的生活状态,能够有效的勾起儿童与儿童父母的想象,刺激他们的购买欲望。比如S品牌童装利用这种方法进行陈列,其模特与其他陈列道具的肢体语言在造型上、表情上会更丰富,这样就会让陈列方案在实施过程中表现得更好。货品展示风格独特别致,特点突出。这不仅使品牌形象变得个性鲜明,还将丰富产品的外在形象,渲染品牌的感染力。

模特展示陈列法

S品牌童装模特展示有立式半身尖头娃娃和奇哥娃娃两种,展台陈列时以展台大小来调整模特的数量。使用模特陈列可以让童装更加饱满丰富,很多信息可以清晰地告诉顾客,吸引顾客进店,模特的力量不可忽视,它们是无声的推销员。

S品牌陈列展示组图

▲ 图5-18 突出的卡通图案吸引儿童,色彩鲜艳丰富能突出商品

▲ 图5-19　玩偶道具的陈列使展台更丰富生动

小结

S品牌童装是以注重儿童色彩喜好，突出人的视觉感受为目的的一个童装品牌。其综合运用重点陈列法，起到了展示商品、刺激销售、方便购买、节约空间、美化购物环境的作用，大大提高了童装的销售额。同时运用模特展示陈列法，使整个卖场空间更加生动活泼，更加符合儿童天真烂漫的气质。并且使服装展示更为直接、美观，更加激起顾客的购买欲望。

知识链接

广义上的童装概念，包括从婴儿装到少年装各个阶段的儿童服装。总的特点是面料柔软、款式宽松、色彩鲜艳、图案生动有趣。进行童装店的视觉规划时，最主要的是考虑小顾客的心理特点，要用宽阔开放的活动空间、明亮多变的灯光设置、商品灵活组合、生动有趣的装饰陈设来吸引儿童，创造欢快的购物环境。此外，新鲜的玩具和一个微型游乐场，常常会起到很好的辅助作用。

目前童装陈列比较流行几种陈列方式。

一、琴键式的布置

琴键陈列方式主要是针对儿童心理特点进行的一种陈列方法。运用琴键的节奏感来表达，这种陈列的展示方法可以更好传递出服装款式和服装品牌的年龄消费层。

二、重点款式的推荐

对于重点款式的推荐,其陈列与展示的目的是宣扬独特的设计理念和对儿童心理的表现。

三、品牌主题的表达

对于品牌主题的表达,其陈列与展示的目的是宣扬品牌设计理念,突出表现品牌设计主题。

四、童趣生活的模拟

童装的生活展示是陈列橱窗展示中的重点展示,主要是模仿儿童在生活当中各种可爱的造型与动作。这种陈列的效果十分显著。

> 附录

Y品牌男装专卖专柜产品陈列出样手册

第一章 总 则

一、按大类集中出样

把整个卖场划分为衬衫区、西服区、裤子区、夹克区、T恤区、领带区、皮具区、毛衫区八大区。衬衫区分为长袖区与短袖区，西服区分为套装西服和休闲西服两个区，裤子区分为西裤区与休闲裤区，T恤区分为长袖T恤区和短袖T恤区。

二、按价位、系列集中出样

衬衫区：按DP系列、VP系列、TC系列、休闲衬衫系列、全棉及高支棉系列以及有特殊性功能系列等集中出样。

裤子区：西裤按化纤、全毛、毛涤系列集中出样，再按价位集中出样。休闲裤按牛仔、仿牛仔、全棉等系列集中出样，再按价位集中出样。

西服、夹克、T恤、领带、毛衫五个大类原则上按价位集中出样。

三、按色系集中出样

衬衫：以白色系、蓝色系、粉色系、紫色系四大色系为主，各系列产品中色系必须齐全，但注意在各系列中色系太相近的条纹不要堆放在一起。另外，衬衫可按细条纹、中条纹、宽条纹集中出样，以便顾客挑选。

西服：原则上按浅色系与深色系区分，然后再按细条纹、中条纹和宽条纹集中出样。按此出样，卖场能非常直观看到哪个色系短缺或不足，哪些条纹短缺或不足，以便卖场能针对性地补货。

四、按规格从小到大或从大到小的顺序出样

多适用于货柜式高架出样面和低价存货区。高架正面出样区的出样产品必须统一规格。建议：滞销的或订货量比例最多的规格作为出样产品。

五、高架出样区

（1）各大类产品尽可能最大化地正面挂装展示给顾客，尤其是大店。面积小的卖场高架区可适当增加侧挂出样（注：高架区的移动货架可随季节及时调整位置，或增长或减少）。

（2）正面挂装出样的第一件产品里面一般需要搭配合适配套的产品：如西服搭配衬衫和领带；休闲西服搭配休闲衬衫、T恤或毛衫；夹克搭配休闲衬衫、T恤或毛衫；毛衫可搭配衬衫等（T恤可直接出样）。

（3）在一个高柜中，活动货架的布局，既要做到丰满，又要达到整体的平衡感，还要突出重点展示商品。

（4）同一格高柜中的产品之间要相互配套，即是同一系列的。

（5）一个高柜中应把畅销的、花色好的产品与稍差些的产品搭配出样，以便每个面都有吸引人的亮点。

（6）高柜陈列要注意多样化：

①正挂、侧挂、叠放相结合；②服装、配件（领带、皮带、皮包、鞋等）相结合；③同一陈列面应深浅有序、错落有致，而不同陈列面可按色系区分；④可利用隔板放置半身模特，建立高架上的形象面及亮点；⑤同系列相关产品与可搭配产品的比例一般为7∶3左右。

六、低架出样区

挂装产品货架两侧正面朝向顾客流一边，西服、休闲西服、夹克、毛衫挂装出样的第一件产品里面必须搭配合适配套的产品，与高架区正面挂装的第一件产品搭配原则一样。

中岛低架货柜叠装出样的产品，最上面一排的出样产品原则上正立面朝顾客，如衬衫低柜中衬衫的摆放与高架上衬衫领口朝向为顾客正立面。

第二章 细 则

一、衬衫区

1. 高架正面出样区

（1）所有的款式必须在高架下面出样区展示出来。

（2）此区最好的位置必须展示当季最好销的产品或需要主推的产品。

（3）当季产品的出样面、打开的数量要适当加大、增多，模特展示当季的数量也要增多。

（4）叠装、正面出样产品、流水台产品、模特必须配有价格标签。

2. 挂装

（1）正面出样挂装产品上的吊牌、绳子要收拾利索，不能出现因吊牌的绳子短而将服装拉得变形的现象。

（2）大类衣架必须统一。

（3）挂装里模特着装要跟周围出样的产品结合（如休闲区配休闲衬衫，正装区配正装衬衫）。

（4）挂装衬衫出样必须衬托领圈。

（5）挂装产品，必须熨烫平整。

（6）中岛货架挂装的产品规格要按大小号顺序有规律可循。一般按39-40-41三个规格从小到大顺序挂放为佳，如果是挂两件的，则按39-40两个规格顺序挂放。另外，衣钩分别朝顾客进出方向挂放。

（7）一个高架里面，正面挂装可搭配领带出样（领带为当季产品），同一区域里的侧挂衬衫规格要统一或有规律可循，可穿插裤子搭配出样。

3. 叠装

（1）叠装服饰要整齐、摆正，前后左右要对齐。

（2）在货品和规格齐全的情况下，层板上折叠陈列的同款同色服饰，从上至下尺寸应从小到大，或是同规格。

（3）在同一区域的陈列必须统一一种衬板，切不可用多种衬板组合出样。

（4）如果衬衫上有吊牌，吊牌位置要统一卡在第二粒扣和第三粒扣中间。

（5）高架上的叠装衬衫的吊牌要求在同一区域内统一，如果吊牌无法做到统一，就将吊牌去掉放到衬衫口袋里。

（6）同一区域内衬衫出样的规格要统一，或有规律可循，或者同一个规格（以39-40-41三个规格较为合适）。

二、西服区

（1）按系列陈列（正装西服区、休闲西服区），好销的产品或者规格齐全的产品放在好的位置。

（2）在同一个高柜内，西服正面出样第一件要统一一个规格（如170/92），且保证同一平面内产品下端到中间层板的距离相同；后挂的产品的长度不宜过长而超出第一件产品；每个挑杆挂装的数量相同。

（3）正挂第一件西服必须搭配出样（正装搭配正装衬衣、领带出样，衬衫领口和袖口用袖圈和领圈撑圆，衬衫袖口应长于西服袖口1厘米左右；休闲西服搭配休闲衬衫、T恤、毛衣出样）。

（4）侧挂产品两头第一件的产品要搭配出样（正装西服搭配衬衫、领带出样；休闲西服搭配衬衫、T恤、毛衣出样）。

（5）西服的吊牌要收到衣袋内，但不能让吊牌线拉至变形。

（6）西服扣眼面搭扣面，三颗扣的西服切忌不能将扣子扣完，可以扣上面两粒或下面两粒。

（7）相同长度的横杆挂装数量相同，西服挂装的比例要统一，如冬、夏季为4∶2∶4∶2（西服四件,衬衫两件);春秋季为 2∶2∶2∶2(西服和衬衫各两件)。

(8)搭配的衬衫色调统一。秋冬季以暖色调为主,如粉红色、橙色、黄色等温和的色调;春夏季以冷色调为主,如蓝色、绿色、紫色等清凉的色调。有主题的以突出主题出样。

(9)模特着装要跟周围出样的产品结合,正装区着正装;休闲区着休闲装。

(10)西服区层板可以放置衬衫或者搭配的产品,衬衫用衬衫板折叠放置。

三、服饰与皮具品区

(1)所有的皮制品款式在集中出样区全部展示出来,有多余的库存可重复多处地方搭配出样。

(2)毛衫在正面挂装出样时,可在里面穿上亮色衬衫或与毛衫色反差大的衬衫。

(3)夹克、棉衣在正面挂装出样时,必须在里面穿上亮色毛衫或休闲衬衣,也可用围巾等饰品点缀,以衬托深色服饰;亮色的夹克、棉衣里面可穿与之色相反差较大的毛衫或休闲衬衣。

(4)外套和内搭的产品尺寸要符合人的穿衣要求,不能出现内搭产品长于外套。

四、裤子区

(1)休闲裤、西裤分类集中出样。

(2)数量要求如下:

①梯形货架面:同一层挂架出样的数量一致,一般春夏 5 条,秋冬 4 条,数量自己掌握,要求裤子出样后下端不露出来为目的。每层、每格出样的数量相同;②侧挂面:相同距离的货架挂装产品出样的数量相同。

(3)尺寸:统一每格出样产品的规格,并由小到大,由外向里排列。

(4)颜色:由浅到深依次出样。春夏季时,主通道两边的以浅色产品出样为主;秋冬季时,主通道两边的以畅销产品为主,目的是营造季节的效应,吸引顾客。

(5)其他要求:

①每层第一件产品的吊牌、吊牌线不能外露;②梯形货架最下层的产品下端离地面的距离相同;③侧挂面出样的产品规格由小到大或由大到小有规律的排列;④裤架上卡上相应的裤子尺寸扣;⑤畅销产品或主推产品放置于该区域最好的出样区。

五、领带区

(1)按价格分类出样。由高到低或由低到高规律出样。

(2)颜色:当季颜色的领带放在最好的位置,秋冬季以深色为主,如深蓝色、红色、深紫色等;春夏季以浅色为主,如淡蓝色、粉红色、浅紫色、草绿色、银灰色等。由浅到深或由深到浅的规律出样。

(3)数量:相同长度距离的横杆出样的数量相同。

(4)同层领带挂的长度必须相同。

（5）其他要求如下：

①单条领带出样的方式可以重复使用，保证整体的规整性；②结合活动主题出样，如做婚庆主题，在领带架最上层往下延伸，可以适当多出红色的领带。

六、特惠区与折扣店

1. 特惠区

（1）指定促销产品（或特价产品）在卖场上某个区间集中出样，其他地方不允许重复出现这些特惠产品，可存放到内仓（如6折的西服、衬衫、T恤、裤子等）。

（2）此区的产品与季节配套，原则上要求是当季的各大类产品。

2. 折扣店

（1）规格齐全的产品按货号陈列；断码产品先按价格出样，再按规格出样，并标上具体的规格。

（2）原则上店内每个大类都有规格齐全的出样区或按货号出样的出样区（特殊情况除外，如整个区域没有规格齐全的产品）。

（3）店内要通过桌牌、吊旗、价格贴等广告宣传品布置卖场氛围（价格标签可红色底黑字，吊旗可按季节更换，即衬托卖场氛围）。

七、流水台

（1）主要出当季新品、精品、配合促销活动的产品，突出当季、亮点和个性化，色彩上需亮丽一些。

（2）要分清产品与饰品、道具、广告宣传的主次关系，产品永远是重点和中心，饰品、道具只是辅助作用。

（3）展台上要成系列组合搭配出样，产品之间应是相关联的，并注意组合搭配的协调性与配套性。

（4）视觉上应高、中、低错落有致。

（5）产品要丰富，不要仅出一类产品，那样太单调。可与同系列相关产品搭配出样，但要注意主次关系。

八、橱窗

（1）橱窗要坚持出亮色服饰及饰品，与季节、天气或活动内容吻合，橱窗里的模特着装要适当领先于季节，一般提前20~30天换季。

（2）橱窗要做到通透，不能放置过多的模特或衣服而阻碍了视线。

（3）橱窗里的模特要面对人流走向的一面，以更好地吸引顾客眼球。

（4）明确：主题和结构要明确、清晰，能准确地表达出产品的设计特色及优势。

（5）简练：橱窗内装饰的用量要适度，与橱窗的大小要成正比。一般来讲为了突出品质感，越高档的商品装饰越少。

（6）平衡：采用平衡的原则可以有条不紊的布置产品，传递一致性的视觉效果，平衡的原则应贯穿整个陈列面和每一子平面。

（7）色系：有序的色彩主题给整个橱窗带来鲜明、井然有序的视觉效果和强烈的冲击力。暗色与亮色结合，突出重点产品。采用对比色和渐进色的手法创造视觉冲击。

（8）统一：为了带给顾客鲜明的印象，同一组商品的陈列，无论是风格、色彩还是商品的材质都要注重统一。

（9）分组：橱窗中商品的摆放要注意分组，以便逐步地吸引顾客的注意。如果没有分组的话，就无法引导顾客的视线有重点地观看商品，让人觉得混乱。

（10）余白：为了让重点突出，就要在各个部分之间留有余白，否则各组就无法独立出来。为了体现价值感，高级的商品余白要多。

（11）立体：采用不同的陈列用品，使整个陈列面具有空间感，达到陈列面远近分明、错落有致的效果。

（12）点缀：在陈列中要注意使用能突出主题的物品来进行点缀。这样不但有利于营造气氛，还利于将远处的顾客吸引过来。

九、模特

（1）模特裸露部分不允许有严重残破现象（特别注意：在重新装修时要注意保管包扎）。

（2）模特的着装要与季节配套，除换季交替阶段。

（3）模特身上的裤子要使用"四针法"（可用透明胶带代替）。

（4）模特身上的服装要合体，里外的衣服尺寸要吻合。

（5）模特的着装要搭配合理，如休闲服配休闲类配饰，正装上衣配正装配饰。

（6）模特身上的服装要熨烫平整，无皱褶、干净整洁。

（7）某大类出样区的模特身上出此区产品，如衬衫区的模特，其身上原则上出样衬衫。

（8）裤模裸露部位必须包上公司下发的包布。

十、试衣间

（1）试衣间可配备以下物品：凳子、拖鞋、衣钩、镜子、提鞋器、画框、健康秤、温馨提示牌、品牌故事或笑话等。

（2）试衣间不能有异味。

（3）凳子如果较硬冷，冬季要加棉垫；凳子不能有破旧、破损现象，影响美观与形象。

（4）试衣间的拖鞋要随季节有所变化；逐步由公司统一购买，新装修的卖场统一用皮拖鞋。

（5）鞋子要定期清洗，保持干净无异味。

（6）试衣镜要勤擦拭，不能有指纹、掌印、水渍、抹布印等。

（7）画框要定期更新，内容可换成活动内容、企业介绍、各种小知识、品牌故事、笑话或产品宣传图片等。

（8）试衣间原则上需铺上地毯。

十一、收银台和背景墙

（1）收银台要保持桌面物品的整齐、干净，包括抽屉、柜子、展柜。

（2）收银台上所放的饰品不准挡住顾客的视线，饰品、道具的大小与收银台的大小要协调。

（3）背景墙是一个整体，不准放置杂物，节日布置时可添加一些饰物。

（4）收银台的椅子、吧台椅不能有破损。

（5）活动的桌牌一定要放在收银台，或顾客易见的地方。

十二、内仓

（1）内仓必须保持干净整洁。

（2）存放的必须是当季、热卖好销的产品，过季或滞销产品应及时退回公司。

（3）除出样产品外，其他多余产品应尽量全部放在内仓，不允许出现卖场上堆货密集、杂乱，而内仓还有空位的情况。

（4）所有服饰先按大类、货号分开存放，再按规格由小到大排列摆放。

（5）各大类产品必须有库存规格卡。

（6）畅销产品摆放在靠外的位置，方便拿货。

（7）多余的道具、饰品、赠品、POP 等不要存放在内仓，及时退到公司或分公司仓库。若下次还需要的，归类打包并在外箱上注明里面物品的名称、数量及卖场名称后退到公司或分公司仓库。

十三、广宣品

（1）卖场内的画面（如橱窗、产品介绍、品牌故事、温馨提示、活动 POP 等画面）要随着季节变化，包括户外广告等。

（2）卖场内的画面要尽可能色调统一，而且品种不能过杂，数量不能过多，制作 POP 要用公司统一的模板。

（3）不允许出现残缺的广告宣传品，在增订时可以适当的多备 10% 左右的安全库存。

（4）门贴春夏使用透明的材质，秋冬使用深色的材质，以中间镂空的方式制作，宽度大概在 3cm。

（5）产品介绍说明要跟周边的产品配套，起到辅助介绍产品的作用，切忌"挂羊头卖狗肉"的做法。

十四、饰品、道具、货柜

（1）道具、饰品要随季节变化及时更换。

（2）道具、饰品不够的要及时补追，暂时不用或多余的要打包装箱及时退回分公司。

（3）坏的道具、饰品要及时修理,已经不能使用的要在24小时内报损。

（4）道具、饰品数量一定要登记在登记本上,账实相符,名称与公司的名称相同。

（5）货柜的摆放要考虑主通道与辅通道,并且同一区间的货架摆放要整齐,相邻货柜要在一条直线上。

（6）货柜要跟随换季及时调整。如夏季中岛增加裤子货架,以便增加裤子出样面；秋冬增加中岛西服、毛衫或夹克货架。

（7）高架上的活动货架,可随季节移动或增减,及时做好调整。

（8）购置饰品与道具时,要注意与卖场的面积大小、装修等相结合,要精致美观有一定的档次,做到宁缺毋滥。

十五、休息区及背景音乐

（1）沙发要保持干净,布艺沙发可有两套布面,以便及时清洗。

（2）沙发上夏天加凉垫,尤其是布沙发；冬天加棉垫,尤其是较硬冷的沙发。

（3）茶几台上放置烟灰缸、友情提示牌、顾客意见本等（专厅根据商场要求执行）。

（4）杂志架：杂志尽量为最近一期的,尽量放置本公司产品简介或与服装有关的杂志等。

（5）休息区可适量放置绿色植物、糖果盘、抽纸、咖啡等。

（6）背景音乐要选择以下：不带歌词的流行歌曲,英文经典歌曲,钢琴、萨克斯、小号等乐曲。有节日或特殊活动时,可播放些符合活动或节假日气氛的乐曲,如圣诞节、春节、特卖活动等。

（7）音乐的音量不宜高,音乐要由卖场内专门指定人员负责播放。

十六、灯光与电器设备

（1）卖场内必须要备有常用灯管或灯泡,不允许出现坏灯。

（2）门头灯要定时开关,同时要随季节调整开关时间。

（3）灯光必须投射到橱窗、高架、模特、流水台等产品展示区,没投射到位的,务必调整灯光方向（特殊情况有条件重新安装的,要求进行调整）。

（4）卖场内灯光亮度,根据一天的客流量多少及时调整灯光亮度,同时也要根据天气情况及时调整灯光亮度。

（5）凡是独立开关的,要做到"人走灯灭"。

（6）空调要设置适合季节的温度,如夏天23℃~25℃,冬天25℃~28℃。

参考文献

［1］周　辉.图解服饰陈列技巧［M］.北京：化学工业出版社，2011.
［2］鲁彦娟.服装店铺与展示设计［M］.北京：化学工业出版社，2007.
［3］韩　阳.卖场陈列设计［M］.北京：中国纺织出版社，2006.
［4］吴立中，王鸿霖.服装卖场陈列艺术设计［M］.北京：北京理工大学出版社，2010.
［5］阿　福.好陈列胜过好导购［M］.北京：北京大学出版社，2012.
［6］朱琳珺.服装流行配色［M］.北京：化学工业出版社，2012.
［7］艾德华.贝蒂的色彩［M］.朱民，译.哈尔滨：北方文艺出版社，2008.
［8］汪郑连.品牌服装视觉陈列实训［M］.上海：东华大学出版社，2012.
［9］张晓黎.服装展示设计［M］.北京：北京理工大学出版社，2010.